하이패스

건축(산업)기사
실기 핵심요약집

서울고시각

차례
CONTENTS

PART 01　건축시공

01　총론　2
02　가설공사　11
03　토공사　15
04　지정공사　28
05　철근콘크리트공사　31
06　철골/PC/커튼월 공사　58
07　조적공사　74
08　목공사　78
09　방수공사　82
10　창호 및 유리공사　86
11　마감공사　88

PART 02　공정관리

01　총론　94
02　네트워크 공정표　96
03　횡선식 공정표(Bar Chart)　103
04　공기단축　104
05　공정관리 기법　108

PART 03　건축적산

01	총론	112
02	가설공사	118
03	토공사	121
04	철근콘크리트공사	125
05	철골공사	132
06	조적공사	133
07	목공사	135

PART 04　품질관리

| 01 | 품질관리 | 138 |

PART 05　건축구조

01	구조역학	146
02	철근콘크리트	156
03	철골구조	170

건축시공

CHAPTER 01 총론

제1절 | 개요

1. 건축시공의 정의 및 목적
건축시공은 건축물을 최저 공사비로 최단기간 내에 만드는 것으로, 건축시공을 결정하는 공사속도와 경제에 따른 효과를 비교하여 최대의 생산 결과를 제시하는 것이 건축시공의 목적이다.

2. 건축생산의 3S system 📖 99③ · 01③ · 07①
① 단순화(Simplification)
② 규격화(Standardization)
③ 전문화(Specialization)

3. 건설프로젝트 진행순서 📖 98⑤ · 05① · 산21③
타당성 조사/분석 → 설계 → 구매/조달 → 시공 → 시운전 및 완공 → 인도/유지관리

제2절 | 관리기법

1. EC화(Engineering Construction) 📖 05②,③ · 07②
(1) 정의
  ① 건설업의 고부가가치의 추구를 목적으로 함
  ② 종래의 단순시공에서 벗어나 설계, 엔지니어링, 프로젝트 전반 사항을 종합, 관리, 기획하는 업무영역의 확대를 의미함
(2) 특성
  ① 생산능력 확보
  ② 지식의 집약화, 고부가 가치화
  ③ 건설산업의 System화
  ④ 건설기술능력의 향상

(3) 종합건설제도(Genecon) 📖 18④
　① General Construction의 약자로 프로젝트 발굴에서 기획, 설계, 시공 및 유지관리에 이르는 전 과정을 일괄 추진할 수 있는 능력을 갖춘 종합건설업체
　② 종합적인 건설관리만 맡고 일반 시공업무는 하청업자에게 넘겨주어 공사를 진행

2. VE(Value Engineering : 가치공학)

(1) 정의 📖 02② · 10④ · 15① · 산22③
　공사에 요구되는 품질, 공기, 안전성 등의 기능을 충족시키는 체계적이고 과학적인 공사비 절감방안으로 공사 초기(설계단계)에 적용한다.

(2) 가치공식 📖 98④ · 00② · 09② · 15④ · 22①
　VE는 각 공종의 기능을 철저히 분석해서 원가절감의 요소를 찾아내는 데 있으며 효과적인 VE는 Life Cycle Cost가 최저일 때이다.
$$Value(가치) = \frac{F}{C} = \frac{Function(기능)}{Cost(비용)}$$

(3) 사고방식 📖 98① · 11④ · 14④ · 20③
　① 고정관념 제거
　② 기능 중심의 접근
　③ 조직적 노력(Team Design)
　④ 사용자 중심의 사고

(4) 기본추진절차 📖 00④ · 01③ · 08③ · 17④ · 22④

정보 수집	⇨	기능 분석	⇨	대체안 개발	⇨	실시
• 대상 선정 • 정보 수집		• 기능 정의 • 기능 정리 • 기능 평가		• 아이디어 빌링 • 평가		• 제안 • 실시

3. 건설사업관리(Construction Management; CM)

(1) 정의 📖 98① · 02② · 06② · 07③ · 08③
　설계에서부터 각종 공사정보의 활용성 및 시공성을 고려하여 원가절감 및 공기단축을 꾀할 수 있는 설계와 시공의 통합 시스템을 말하는 것으로, 건설의 전 과정에 걸쳐 프로젝트를 보다 효율적이고 경제적으로 수행하기 위하여 각 부문의 전문가들로 구성된 통합된 관리기술을 건축주에게 서비스하는 것을 말한다.

(2) 유형
　① CM의 비용과 관련된 계약방식 📖 04② · 07① · 10② · 19④
　　㉠ CM for Fee 방식 : 관리자가 발주자의 대행인으로서 관리업무만 수행하고 약정된 보수를 받는 방식
　　㉡ CM at Risk 방식 : 관리자가 직접 계약에 참여하여 이익을 추구하며 시공에 대한 책임을 지는 방식

② CM의 계약유형 📖 07① · 산22③
    ㉠ ACM(Agency CM) : 설계단계부터 CM
    ㉡ XCM(eXtended CM) : 기획부터 CM
    ㉢ OCM(Owner CM) : 발주자 자체 CM
    ㉣ GMPCM(Guaranteed Maximum Price CM) : 계약 참여

(3) 주요업무 📖 00①,③ · 02① · 03③

단계	업무	
Pre-Design (기획) 단계	① 사업의 타당성 검토 ② 현지상황 파악 ③ 사업수행의 구체적 계획수립	① 설계부터 공사관리까지 전반적인 지도 · 조언 관리업무 ② 부동산 관리업무 ③ 입찰 및 계약 관리업무 ④ 사업비 관리업무 ⑤ Genecon 관리업무 ⑥ 현장조직 관리업무 ⑦ 공정관리업무 ⑧ 품질관리, 안전관리업무
Design (설계) 단계	① 공사예산 분석 ② VE 기법의 도입 ③ 설계도면의 검토 및 대안공법의 검토	
Pre-Construction (발주) 단계	① 입찰자 자격심사 ② 입찰서 검토분석 ③ 시공자 선임	
Construction (시공) 단계	① 현장조직 편성 ② 공사계획 관리 ③ 설계도면, 시방서에 따른 공사 진행 검사 및 검토	
Post-Construction (추가적 업무) 단계	① 분쟁(Claim)관리 ② 유지관리 ③ 하자보수관리	

4. LCC(Life Cycle Cost)

(1) 정의 📖 07②,③ · 10①,④ · 12④ · 16① · 19④ · 20③ · 22① · 산22① · 산23③
    건축물의 초기 기획단계에서 계획, 설계, 시공, 유지관리, 철거의 단계까지 총체적인 과정에서 사용되는 비용을 말한다.

5. 전산화

(1) CIC(Computer Integrated Construction) 📖 10②
    컴퓨터를 통한 건설통합 System으로서 컴퓨터, 정보통신 및 자동화 조립기술을 토대로 건설생산에 기능, 인력들을 유기적으로 연계하여 각 건설업체의 업무를 각 사의 특성에 맞게 최적화하는 개념

(2) CALS(Continuous Acquisition & Life Cycle Support) 📖 01③ · 05③ · 07② · 10①
    건설산업의 설계 · 입찰 · 시공 · 유지관리 등 전 과정에서 발생되는 정보를 발주청, 설계 · 시공업체 등 관련 주체가 초고속 정보통신망을 활용하여 정보를 실시간으로 교환, 공유하는 건설분야의 통합정보통신 시스템

제 3 절 | 시공방식(공사실시방식)의 분류

1 전통계약방식

1. 공사실시방식에 따른 분류

(1) **직영공사** : 건축주가 직접 공사에 관한 계획을 세우고 재료 구입, 노무자 고용, 시공 기계, 가설재 등을 확보하여 공사를 시행하는 것을 말한다.

(2) **일식도급** : 대상공사 전부를 도급자에게 맡겨 현장 시공업무 일체를 일괄하여 시행하는 것으로 가장 일반적인 형태이며, 총도급이라고도 불린다.

(3) **분할도급** : 재료와 노무를 구분하여 도급하거나 대상공사를 공정 또는 기능별로 구분하여 도급하는 방법

(4) **공동도급(Joint Venture)**
  ① 정의 : 대규모 공사에 대하여 시공자의 기술, 자본 및 위험의 부담을 감소시킬 목적으로 여러 개의 건설회사가 공동출자기업을 조직하여 한 회사의 입장에서 공사를 수급, 시공하는 방식 99① · 산21③
  ② 특성 98⑤ · 09④ · 11④ · 18④ · 산21③ · 산22①

장점	단점
① 위험의 분산 ② 융자력 증대 ③ 공사이행의 확실성 보장 ④ 공사 도급 경쟁의 완화수단	① 업체 간 책임소재가 불분명 ② 단일회사 운영 시보다 경비가 증대 ③ 각 회사의 경영방식 차이에서 오는 능률 저하 우려 ④ 사무관리, 현장관리의 혼란 우려

  ③ 종류 08② · 산23③
    ㉠ 공동이행방식 : 완전한 형태의 공동도급방식
    ㉡ 분담이행방식 : 공구분할이 쉬운 공사에 주로 적용
    ㉢ 주계약자형 공동도급방식 : 공사비율이 가장 큰 업체가 주계약자가 됨
  ④ Paper Joint : 서류상으로는 공동도급 형태를 보이지만 실제로는 한 회사가 공사를 주도적으로 진행하고 다른 회사는 하도급 형태로 이루어지거나 단순한 이익배당에만 관여하는 일종의 위장 공동도급 00④ · 07③ · 13② · 23④

2. 공사비 지불방식에 따른 분류

(1) **정액 도급** 99① · 산22①
공사비 총액을 확정하여 계약하는 방식으로 공사관리업무가 간편하고, 도급업자는 공사원가를 절감하려는 노력을 할 수 있으나 공사변경에 따른 도급액의 증감이 곤란하다.

(2) 단가 도급(Unit Price Contract)
   ① 정의 : 공사금액을 구성하는 물량 또는 단위공사에 대한 단가만을 확정하고 공사가 완료되면 실시 수량의 확정에 따라 청산하는 방식이다.
   ② 특성   📖 산21①,② · 산22②

장점	단점
① 공사의 신속한 착공 ② 설계변경으로 인한 수량증감의 계산이 용이	① 공사비 예측의 어려움 및 공사비 증대 우려 ② 자재, 노무비 절감의욕의 저하

(3) 실비정산 보수 가산식 도급(Cost Plus Fee Contract)
   ① 정의 : 건축주와 시공자가 공사실비를 확인 정산하고 정해진 보수율에 따라 시공자에게 보수를 지급하는 도급방식이다.   📖 99① · 07③ · 18② · 산22②,③ · 23④
   ② 특성   📖 산22②,③

장점	단점
① 양심적 시공 기대 ② 공사품질 향상	① 공사기간 연장의 우려 ② 공사비 증대 우려

   ③ 종류   📖 98① · 00⑤ · 03③ · 09② · 11② · 13① · 23④

구분	내용
① 실비 정액 보수가산식 총공사비 = A + F (A : 실비, F : 정액보수)	실비가 얼마나 소요될 것인지 상관없이 미리 계약한 일정액의 수수료를 보수로 지급하는 것이다.
② 실비 비율 보수가산식 총공사비 = A + Af (f : 비율)	공사의 진척에 따라 공사에 사용된 실비와 함께 보수로 사용된 실비에 미리 계약된 비율을 곱한 금액을 시공자에게 지급하는 방법이다.
③ 실비한정 비율 보수가산식 총공사비 = A′ + A′f (A′ : 한정된 실비)	실비비율 보수가산식의 일종이나 시공자는 제한된 금액 이내에서 공사를 완성하여야 한다.
④ 실비 준동률 보수가산식 　㉠ 비율보수인 경우 　　총공사비 = A + A f′ 　㉡ 정액보수인 경우 　　총공사비 = A + (F − A f′) 　(f′ : 준동률 보수)	실비를 미리 금액에 따라 여러 단계로 구분한 뒤, 지급 공사비는 각 단계 금액 증감에 따라 비율보수 또는 정액보수를 적용한다.

2 업무 범위에 따른 계약방식

1. **일괄수주방식** 📖 99① · 산21②

   건설업자가 대상계획의 기업, 금융, 토지조달, 설계, 시공, 기계·기구 설치 등 주문자가 필요로 하는 모든 것을 조달하여 주문자에게 인도하는, 모든 요소를 포괄한 도급계약방식이다.

2. **파트너링 방식** 📖 08③ · 16①,④ · 산21②

   발주자가 직접 설계와 시공에 참여하여 발주자, 설계자, 시공자와 프로젝트 관련자들이 하나의 팀으로 조직하여 파트너와 함께 공사를 완성하는 방식

3. **민간자본 유치방식**

(1) 정의

   민간자본(Social Overhead Capital; SOC)에 의한 공공시설물의 건설을 촉진하는 방안으로 투자자는 건설된 공공시설물을 일정기간 경영함으로써 투자비를 회수하는 시공방식이다.

(2) 종류

   ① BOT : 사회간접시설의 확충을 위해 민간이 자금조달과 공사를 완성하여 투자액의 회수를 위해 일정기간 운영하고 시설물과 운영권을 발주 측에 이전하는 방식이다. 📖 00④ · 03② · 04① · 07② · 08③ · 10④ · 11② · 14①,④ · 16①,④ · 17① · 19② · 21①,④ · 산21③ · 산23②

   ② BOO : 사회간접시설의 확충을 위해 민간이 자금조달과 공사를 위하여 시설물의 운영과 함께 소유권도 민간에 이전되는 방식이다. 📖 08① · 10④ · 19② · 산21②

   ③ BTO : 사회간접시설의 확충을 위해 민간이 자금조달과 공사를 완성하여 소유권을 공공부분에 먼저 이양하고, 약정기간 동안 그 시설물을 운영하여 투자금액을 회수하는 방식이다. 📖 07② · 08① · 10④ · 15④ · 19② · 산21③ · 산23②

   ④ BTL : 민간이 자금조달을 하여 시설을 준공한 후 소유권을 정부에 이전하되, 정부의 시설임대료를 통해 투자비를 회수하는 방식 📖 13④ · 17②,④

제 4 절 | 입찰 및 계약

1. 입찰의 종류

(1) 특명입찰
① 정의 : 건축주가 해당 공사에 가장 적합한 1개의 도급업자와 단독으로 입찰하는 방식(수의계약) 또는 재입찰 후에도 낙찰자가 없을 때 최저 입찰자 순으로 교섭하여 계약을 체결하는 방식이다. 📖 05②,③ · 10② · 11④ · 18② · 22① · 산23①
② 특성 📖 05②,③ · 13④ · 17②

장점	단점
① 양질의 시공 기대 ② 공사의 기밀 유지	① 공사비 결정의 불투명성 ② 공사비 증대 우려

(2) 공개경쟁입찰
① 정의 : 일정한 자격을 가진 모든 업체가 입찰에 참여하며, 건설회사가 제시한 공사조건 중 건축주가 가장 좋은 조건을 제시한 건설회사와 공사계약을 체결하는 방식이다. 📖 10② · 11④ · 18② · 산21② · 22① · 산23①,②
② 특성 📖 10② · 11④ · 산21② · 산22① · 산23②

장점	단점
① 균등한 기회 부여 ② 공사비 절감 ③ 담합의 우려가 적음	① 과다경쟁 ② 부적격자 낙찰 우려

(3) 지명경쟁입찰
① 정의 : 해당 공사에 적합하다고 인정되는 다수의 도급업자를 선정하여 입찰시키는 방식이다. 📖 10② · 11④ · 18② · 산21② · 22① · 산23①
② 특성

장점	단점
① 부적격자 사전 배제 ② 시공상 신뢰도 향상	① 담합 우려 ② 공사비 상승 우려

2. 입찰의 순서 📖 08① · 17② · 산21① · 산23②

3. 입찰제도의 합리화/개선 방안

(1) 성능발주방식 📖 98① · 07③ · 08① · 10④ · 산21②

발주자는 설계에서 시공까지 건물의 요구성능만을 제시하고 시공자가 재료나 시공방법을 선택하여 요구성능을 실현하는 방식이다.

(2) 대안입찰 📖 06② · 11① · 15②

처음 설계된 내용보다 기본방침의 변경없이 공사비를 낮추면서 동등 이상의 기능과 효과를 갖는 방안을 시공자가 제시할 경우 이를 검토하여 채택하는 입찰방식이다.

(3) 사전자격심사제(PQ; Pre-Qualification)

① 정의 : 건설업체의 공사수행능력을 기술적 능력, 재무능력, 조직 및 공사능력 등 비가격 요인을 검토하여 가장 효율적으로 공사를 수행할 수 있는 업체에 입찰참가자격을 부여하는 제도이다. 📖 02② · 08③ · 산23③

② 특성 📖 02② · 10① · 산23①

장점	단점
① 부실시공 방지 ② 부적격업체 사전 배제 ③ 입찰자 감소로 입찰 시 소요시간과 비용 감소	① 자유경쟁 원리에 위배 ② 대기업에 유리한 제도 ③ 평가의 공정성 확보 문제 ④ 신규참여 업체에 장벽으로 간주 ⑤ PQ 통과 후 담합 우려

4. 공사분쟁 또는 클레임(Claim)

(1) 정의

계약서류 조항 간의 문제점이나 계약서류와 현장소선 또는 시공소선의 차이섬에 의해 발생되는 문제점에 대해 발주자나 시공자가 이의를 제기하여 발생하는 것을 말한다.

(2) 해결방안 📖 02② · 05③ · 산23②

① 협상(Negotiation) : 상호 협의를 통한 1차적인 분쟁 해결방법
② 조정(Mediation) : 제3자의 조정에 의한 분쟁 해결방법
③ 중재(Adjudication) : 중재위원회의 판결에 의한 분쟁 해결방법
④ 소송(Litigation) : 재판에 의한 최종적인 분쟁 해결방법

제5절 | 시공계획 및 관리

1. 시공계획

(1) **시공계획 또는 공사계획** : 건축물을 설계도면 및 시방서에 따라 정해진 공사기간 내에 최소의 비용으로 안전하게 시공할 수 있는 조건과 방법을 세우는 것이다.
   ① 공사계획의 순서　📖 98① · 99⑤ · 01①
      ㉠ 현장원 편성
      ㉡ 공정표 작성
      ㉢ 실행 예산의 편성
      ㉣ 하도급자의 선정
      ㉤ 가설준비물의 결정
      ㉥ 재료의 선정
      ㉦ 재해 방지

(2) 시공계획서 중 친환경관리계획　📖 18④ · 20⑤
   ① 작업장 및 작업장 주변의 환경관리계획
   ② 산업부산물 재활용계획
   ③ 건설폐기물 저감 및 재활용계획
   ④ 온실가스 배출저감계획
   ⑤ 천연자원 사용저감계획

2. 공사관리

(1) **시공관리**
   ① 정의 : 시공계획에 따른 실제 시공을 기능상으로 관리하는 것이다.
   ② 목표　📖 01① · 04① · 산23①
      ㉠ 공정관리 : 공기단축
      ㉡ 원가관리 : 비용절감
      ㉢ 품질관리 : 양질의 공사

(2) **공정관리**
   ① 정의 : 지정된 공사기간 내에 공사예산에 맞추어 정밀도가 높은 양질의 시공을 위한 관리를 말한다.
   ② 분류체계　📖 05② · 12②
      ㉠ 작업분류체계 : 작업의 공종별 분류(WBS; Work Breakdown Structure)
         📖 17① · 22①
      ㉡ 조직분류체계 : 관리조직별 분류(OBS; Organization Breakdown Structure)
      ㉢ 원가분류체계 : 공사비 내역별 분류(CBS; Cost Breakdown Structure)

CHAPTER 02 가설공사

제1절 | 기준점과 규준틀

1. 기준점(Bench mark)
(1) 정의 📖 04③ · 07③ · 10① · 13④ · 14① · 16④ · 18① · 21① · 산21③ · 산22① · 22②
건축물 시공 시 기준위치를 정하는 원점으로 공사 중 높이의 기준을 정하고자 설치하는 것으로서 이동, 변형이 없게 견고히 설치해야 한다.

(2) 주의사항 📖 04③ · 07③ · 11② · 17① · 18① · 21④ · 산21③ · 22② · 산23①
① 이동의 염려가 없는 곳에 설치한다.
② 2개소 이상 설치한다.
③ 지면에서 0.5~1.0m 높이로 바라보기 좋고, 공사에 지장이 없는 곳에 설치한다.
④ 착공과 동시에 설치하고 완공 시까지 존치시킨다.

2. 수평규준틀과 세로규준틀
(1) 수평규준틀
① 설치목적 📖 12① · 15② · 산22③
㉠ 건물의 각부 위치를 정확히 표시
㉡ 건물이나 터파기의 높이, 너비, 길이 등을 정확하게 결정
② 기입사항
㉠ 터파기의 상부 폭, 하부 폭
㉡ 잡석지정 폭
㉢ 기초판·주각 폭
㉣ 건물의 각부 위치

(2) 세로규준틀 📖 15① · 16④ · 22② · 산22③
① 설치
㉠ 벽의 모서리 등 기준이 될 수 있는 곳
㉡ 벽이 긴 경우 중앙부, 기타 요소에 설치한다.
② 기재사항
㉠ 줄눈위치
㉡ 쌓기 높이와 단수
㉢ 앵커볼트, 매립철물의 위치
㉣ 창문틀 위치

제 2 절 | 비계 및 비계다리

1. 비계/비계다리
(1) 비계의 종류 📖 산21① · 산22③

재료별	형태	지지방식
① 통나무	① 외줄비계	① 지주비계
② 단관파이프	② 겹비계	② 달비계
③ 틀비계	③ 쌍줄비계	③ 말비계

┃외줄비계┃ ┃겹비계┃ ┃쌍줄비계┃

① 강관비계 : 강관으로 현장에서 조립하여 설치하는 비계
② 달비계 : 와이어로프로 옥상에서 매달아서 외부 작업용으로 사용하는 비계
③ 말비계 : 실내에서만 사용하는 비계
④ 시스템비계 : 수직재, 수평재, 가새로 조립해서 사용하는 비계

2. 비계의 시공 📖 98② · 00③ · 07① · 08① · 15① · 17④ · 21② · 산22③

구분	강관(Pipe) 비계	
	단관비계	틀비계
1. 비계의 기둥 간격	• 31m 넘는 밑부분 2본 이상 • 도리 방향 : 1.5~1.8m • 보 방향 : 0.9~1.5m	(부축틀 설치) • 도리 방향 4m 이하 • 높이 10m마다 설치
2. 띠장, 장선간격	1.5m 이내	—
3. 하부 고정(기둥 하단)	베이스 플레이트	베이스 플레이트
4. 세로틀과 벽체와의 연결 간격	수직 : 5m 내외	수직 : 6m
	수평 : 5m 이하	수평 : 8m
5. 결속선 및 결속재	• 커플러(Coupler) • 커플링(Coupling) • 클램프(Clamp) : 자재형 클램프, 고정형 클램프	끼움재, 나사못, Pin
비고	• 조립 해체가 용이 • 사용횟수가 많음 • 강도가 커서 고층 건축시공에 유리 • 작업장이 미관상 좋음	틀비계 설치 최고높이 : 45m 이하

※ 통나무비계 : 띠장은 최하부에서는 높이 3m 이하로 설치하고 그 위는 1.5m 내외로 설치하는 수평부재를 말한다. 기둥과 띠장의 이음은 모두 겹친 이음을 하는 것이 원칙이다.

제3절 | 안전설비

1. 안전설비의 종류 00①,② · 산21②,③ · 산22② · 산23②
(1) 수직형 추락 방지망
엘리베이터 등의 작업 위치 6m 이내에 설치
(2) 낙하물 방지망 산22①
① 설치 높이는 10m 이내, 3개 층마다 설치
② 비계 외측으로 2m 이상 내밀고, 벽체와 비계는 틈이 없도록 안전망 설치
(3) 방호시트
고속도로나 경사지에서 낙석이나 붕괴에 대비하여 덮어 놓은 시트
(4) 방호선반 10① · 13④ · 21①
① 비계의 내외측, 주 출입구 및 리프트 출입구 상부 등에 설치하는 낙하방지 안전시설
② 1.5cm 이상의 판재나 동등 이상 자재 사용
(5) 안전 난간
① 개구부 등 추락위험이 있는 곳
② 상부난간대, 중간난간대, 발끝막이판, 난간기둥
(6) 수평개구부 보호덮개
12mm 이상의 합판과 45×45mm 이상의 각재 사용

2. 안전 장구의 용도 산21① · 산23①,②
(1) 안전모
높은 곳에서 떨어지는 물체나 도구 등의 위험이 있는 경우
(2) 방진마스크
비산 물질이 많이 발생하는 경우
(3) 방화복
용접 등 불꽃이 날리는 경우
(4) 안전대
2m 이상의 고소작업을 하는 경우
(5) 절연복
전기 감전의 우려가 있는 경우
(6) 방열복
고열 작업이나 화재에서 화상과 열중증을 방지하기 위하여 사용하는 보호구
(7) 안전화
중량물이 떨어지거나 끼임 사고 발생 시 발과 발등을 보호하는 보호구
(8) 보안면
용접 시 불꽃이나 물체가 흩날릴 위험이 있는 작업에 착용하는 보호장구

3. 안전 장구의 안전계수 📖 산23②
(1) 달기 와이어로프 및 달기 강선의 안전계수
    10 이상
(2) 달기 체인 및 달기훅의 안전계수
    5 이상
(3) 달기 강대와 달비계의 하부 및 상부 지점의 안전계수
    ① 강재의 경우 : 2.5 이상
    ② 목재의 경우 : 5 이상

4. 곤돌라형 달비계에 사용 금지된 와이어로프 📖 산23③
(1) 이음매가 있는 것
(2) 이음매가 있는 와이어로프의 한 꼬임에서 끊어진 소선의 수가 10% 이상인 와이어로프
(3) 지름의 감소가 공칭지름의 7%를 초과하는 꼬인 와이어로프
(4) 꼬임이 있는 것

5. 가설통로 중 경사로 📖 산23③
(1) 경사로 설치 시 경사각은 30도 이하이어야 함
(2) 경사가 15도를 초과하는 경우 미끄러지지 않는 구조로 함
(3) 건설공사에 사용하는 높이 8m 이상인 비계다리에는 7m마다 경사로의 꺾임 부분에는 계단참을 설치하여야 함

제 4 절 | 환경(비산먼지 발생대책)

1. 야적 시 비산먼지 발생대책 📖 17① · 21④
① 야적 물질을 1일 이상 보관 시 방진 덮개로 덮을 것
② 1.8m 이상의 높이로 방진벽을 설치할 것
③ 비산먼지의 발생을 억제하기 위한 살수시설을 설치할 것

2. 건축물 내 작업
① 바닥 청소, 내화피복, 벽체 연마, 절단, 분사식 도장 작업 등은 해당 측에 방진막 설치
② 철 구조물의 분사에 의한 도장 시 방진막 설치

CHAPTER 03 토공사

제1절 | 지반의 구성 및 흙의 성질

1. 흙의 성질

(1) 용어 📖 01③ · 03① · 07③ · 12① · 15② · 18② · 19④ · 22② · 23①

① 압밀(침하) : 점토지반에서 외력에 의해 흙의 간극수가 빠져나가면서 흙이 수축되는 현상

② 예민비 : 점토지반의 자연시료는 어느 정도의 강도가 있으나 이것의 함수율을 변화시키지 않고 이기면 약해지는 성질이 있다. 이러한 흙의 이김에 의해서 약해지는 정도를 표시하는 것으로, 함수율 변화가 없는 상태에서의 이긴시료에 대한 자연시료의 강도의 비를 말함

③ 간극수압 : 지반의 토립자 사이의 수압으로 배수공법 및 탈수공법의 선택기준이 되며 피에조미터(Piezometer)로 측정한다.

④ 액상화 : 느슨하고 포화된 모래층이 충격을 받으면, 지반의 수축으로 간극수압이 발생하여 전단강도가 감소하고 지중수가 상승하여 일시적으로 지내력이 감소되는 현상

(2) 공식 📖 92② · 00①,② · 03① · 11④ · 17② · 22②

1. 간극비	$\dfrac{간극(물+공기)의\ 부피(용적)}{순토립자의\ 부피(용적)}$	
2. 함수비	$\dfrac{물의\ 중량}{순토립자의\ 중량}$	
3. 함수율	$\dfrac{물의\ 중량}{전체토립자(흙+물)의\ 중량} \times 100(\%)$	
4. 포화도	$\dfrac{물의\ 부피(용적)}{간극의\ 부피(용적)} \times 100(\%)$	
5. 예민비	$\dfrac{자연시료의\ 강도}{이긴시료의\ 강도}$ ※ 모래는 예민비가 작고(≒1) 점토는 크다.	

(3) 흙의 함수량 변화상태 📖 08③ · 11① · 15② · 21①

```
┌─────────┐    ┌─────────────┐    ┌─────────┐    ┌─────────────┐
│ 고체상태 │    │ 반고체상태  │    │ 소성상태│    │ 액체상태    │
│(전건상태)│ ⇨ │(바삭바삭하고│ ⇨ │(끈기가  │ ⇨ │(질컥한 액성상태,│
│         │    │ 끈기가 없는 │    │있고 반죽│    │ 유동성이 있는│
│         │    │    상태)    │    │이 가능한│    │    상태)    │
│         │    │             │    │  상태)  │    │             │
└─────────┘    └─────────────┘    └─────────┘    └─────────────┘
         수축한계          소성한계          액성한계
```

① 수축한계 : 반고체상태에서 고체상태로 옮겨지는 경계의 함수비
② 소성한계 : 소성상태에서 반고체상태로 옮겨지는 경계의 함수비
③ 액성한계 : 액성상태에서 소성상태로 옮겨지는 함수비

제 2 절 | 지반조사(지하탐사)

1. 보링

(1) 정의 📖 11④

지반을 뚫고 시료를 채취하여 지층의 상황을 판단하는 지반조사법으로 지중의 토질분포, 토층의 구성, 주상도를 개략적으로 파악할 수 있다.

(2) 종류 📖 98⑤ · 02② · 03① · 04① · 06② · 07②,③ · 09② · 10②,④ · 11② · 12④ · 13② · 14④ · 16①,④ · 21④ · 22④ · 23①,②

① 오거식(Auger) : 연약 점토층에서 깊이 10m 정도의 오거를 회전시키면서 지중에 압입, 굴착하고 여러 번 오거를 인발하여 교란 시료를 채취하는 방법이다.
② 수세식 : 물을 주입하여 흙과 물을 같이 배출시켜 침전된 상태로 지층의 토질을 판별하는 방법으로 연약한 토사에 적당하다.
③ 충격식 : 충격날을 낙하시키고 그 낙하충격에 의해 파쇄된 토사를 퍼내어 지층 상태를 판단하는 방법으로 비교적 경질지층을 깊이 뚫는 방법이다.
④ 회전식 : 비트(Bit)를 회전시켜 굴진하는 방법으로 토사를 분쇄하지 않고 지층의 변화를 연속적으로 비교적 정확히 알고자 할 때 사용하는 방식이지만, 사질토에서는 채택이 어렵다.

2. 샘플링(Sampling)

(1) 정의

보링에 의해 시료를 채취하는 방법

(2) 종류 📖 03① · 10④ · 19④

① 신월(Thin Wall) 샘플링
연한 점토질의 시료 채취에 알맞은 얇은 살로된 샘플러를 사용한다.
② 콤포지트(Composite) 샘플링
굳은 진흙, 약간 단단한 모래 채취에 알맞은 살이 두꺼운 샘플러를 사용한다.
③ 불교란(Undisturbed) 샘플링
전체 깊이에 대한 불교란 시료를 채취할 수 있는 거의 완전한 토질시험이다.

제3절 | 토질시험

1. 사운딩 시험 📖 00① · 19① · 21④

(1) 정의
   Rod의 끝에 설치한 저항체를 지반에 관입, 회전, 인발 등의 저항으로 지반의 경연(강하고 약함)을 파악하는 지반조사법이다.

(2) 특성
   ① 기동성·간편성이 좋다.
   ② 기능 및 시험의 정밀도는 떨어진다.

(3) 종류
   ① 베인테스트(Vane Test) : 보링 구멍을 이용하여 +자형의 날개를 지반에 박고 회전력에 의하여 지반의 점착력을 판별하는 지반조사시험 📖 09④ · 17④
   ② 표준관입시험(Standard Penetration Test) : Rod 선단에 샘플러를 부착하고, Rod 상단에 추를 낙하시켜 30cm 관입시키는 데 필요한 타격횟수(N) 값으로 지반의 밀도를 파악하는 현장시험 📖 01② · 10①
   　㉠ 추의 무게 : 63.5kg
   　㉡ 낙하고 : 76cm
   　㉢ 사질토 시험으로 적당하다.

2. 지내력 시험

(1) 정의 📖 07③ · 19④
   지반면에 직접 하중을 가하여 기초지반의 지지력을 추정하는 시험을 말한다.

(2) 종류 📖 99③ · 00②,⑤ · 04① · 07①,③ · 10② · 12④ · 15②
   ① 평판재하시험

순서	내용
① 예정기초 저면에서 실시	기초 밑면까지 터파기 한다.
② 재하판 설치	45×45cm(≒0.2m²)
③ 재하	① 매회 1ton 이하 ② 예정 파괴 하중의 1/5 이하 ③ 2시간에 0.1mm 비율 이하 침하 시 정지상태로 간주
④ 단기허용지내력 계산 $(\dfrac{P \cdots 재하\ 중량}{A \cdots 재하판\ 면적})$	① 총 침하량이 2cm 도달했을 때 재하 중량 ② 침하곡선이 항복상태를 보였을 때 재하 중량(작은 값 선택)
⑤ 장기허용지내력	단기허용지내력 $\times \dfrac{1}{2}$

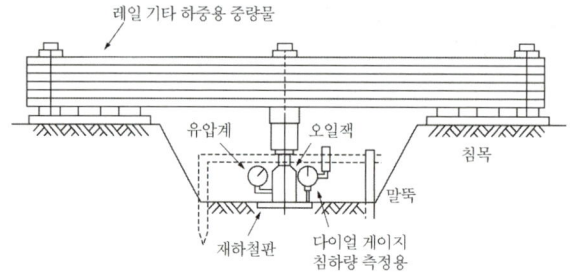

▎반력을 이용한 재하방법 ▎

② 말뚝재하시험
   ㉠ 정재하시험 : 일정한 하중을 가해 변위량을 측정하여 말뚝의 지지력을 결정하는 방법
   ㉡ 동재하시험 : 움직이는 하중을 가해 말뚝 몸체에 발생하는 응력, 변형 및 가속도를 측정하여 말뚝의 지지력을 결정하는 방법

3. 지반의 허용지내력도(단위 : kN/m^2) 📖 04① · 10② · 14④ · 23④

지반의 종류	장기	단기
경암반	4,000	장기값의 1.5배
연암반	2,000	
자갈	300	
자갈+모래	200	
모래+점토	150	
모래 또는 점토	100	

제 4 절 | 지반개량

1. 연약지반과 부동침하

(1) 연약지반
   ① 정의 : 지내력이 작거나, 예민비가 크거나, 액상화 현상의 우려가 있는 지반
   ② 부동침하 방지대책 📖 02① · 06② · 12② · 15① · 17② · 20① · 23②
      ㉠ 상부
         • 건물의 경량화 및 중량 분배를 고려한다.
         • 건물의 강성을 높이며 평면의 평균길이를 짧게 한다.
         • 이웃하는 건물과의 거리를 멀게 한다.

        ⓛ 기초구조물(하부)
            • 기초를 경질지반에 지지시킨다.
            • 마찰말뚝을 사용한다.
            • 복합기초를 사용한다.
            • 지하실을 설치한다.
    (2) 부동침하의 원인
        ① 지반이 연약한 경우
        ② 연약층이 두께가 상이한 경우
        ③ 이질지정을 하였을 경우
        ④ 일부지정을 하였을 경우
        ⑤ 건물이 이질지층에 걸쳐 있을 경우
        ⑥ 건물이 낭떠러지에 접근되어 있을 경우
        ⑦ 부주의한 일부 증축을 하였을 경우
        ⑧ 지하수위가 변경되었을 경우
        ⑨ 지하에 매설물이나 구멍이 있을 경우
        ⑩ 지반이 메운 땅일 경우

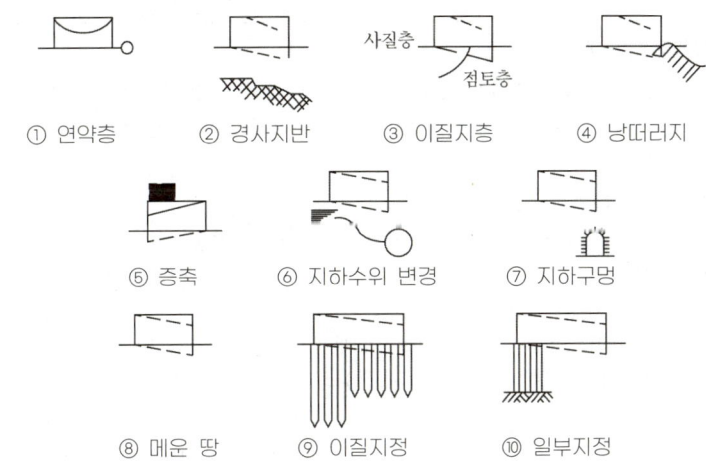

2. 지반개량
    (1) 일반사항
        ① 목적
            ㉠ 지반의 지지력 강화
            ㉡ 터파기 시 안정성 확보
            ㉢ 기초의 부동침하 방지

② 공법 종류 📖 04③·23①
  ㉠ 치환 : 연약층의 흙을 양질의 흙으로 교체하는 공법
  ㉡ 탈수 : 흙 속의 간극수를 제거하여 지반을 개량하는 공법
  ㉢ 다짐 : 흙 속의 공기를 제거하여 지반을 개량하는 공법, 사질지반에서 외력에 의해 공극이 제거되어 흙이 압축되는 현상
  ㉣ 주입 : 간극에 모르타르, 콘크리트, 약품 등을 넣어 개량하는 공법
  ㉤ 동결 : 지반에 파이프를 박고 액체질소나 프레온가스를 주입하여 지하수를 동결시켜 차단하는 공법
  ㉥ 재하(압밀) : 구조물에 상당하는 무게를 미리 연약지반 위에 일정기간 방치하여 압밀하는 공법
③ 점토지반과 모래지반의 지반개량공법 📖 00①·04①·05②·11①·19④·23②

점토지반	모래지반
① 치환공법	① 다짐 말뚝공법
② 재하(압밀)공법	② 다짐 모래 말뚝공법
③ 탈수공법	③ 진동다짐 압입공법
④ 전기침투공법	④ 전기충격법
⑤ 침투압공법	⑤ 약액주입공법

(2) 점성토 지반개량공법
① 치환 : 연약점토층을 사질토로 치환하여 지지력을 증가하는 공법
② 재하(압밀) : 구조물에 상당하는 무게를 미리 연약지반 위에 일정기간 방치하여 압밀하는 공법
③ 탈수 📖 99①·04②·08①·13②
  ㉠ 샌드드레인 : 점토지반에 적용하는 지반 개량공법으로 모래 말뚝을 형성하여 지반의 간극수를 모래를 통해 제거하는 탈수공법 📖 99⑤·07①·08③·09②·10①·12②,④·14④·16①·17④·21①,②
  ㉡ 페이퍼드레인 : 점토지반에 모래 대신 합성수지로 된 카드 보드를 삽입하여 지반 내의 간극수를 제거하는 탈수공법 📖 10④
  ㉢ 생석회 : 생석회의 수분 흡수 시 체적이 2배로 팽창하는데, 지반에 석회를 넣어 탈수 및 지반압밀을 증진시키는 점토지반 개량공법 📖 10③
④ 전기침투 : 간극수 (+)극에서 (-)극으로 흐르는 전기침투현상에 의하여 (-)극에 모인 물을 배수시켜 전단저항과 지지력을 향상시키는 공법
⑤ 침투압공법 : 점토층에 반투막 중공원통을 넣고 그 안에 농도가 큰 용액을 넣어서 점토분의 수분을 빨아내는 방법

3. 배수 공법
(1) 정의

터파기 공사를 효율적으로 하기 위해 지반 속의 지하수위를 낮춰 지반의 안정성을 확보한다.

(2) 종류   01③ · 07④ · 13④
  ① 강제배수
    ㉠ 웰 포인트 공법 : 약 20cm의 Well Point라는 특수파이프를 상호 2m 내외 간격으로 관입하여 모래를 투입한 후 진동다짐하여 탈수통로를 형성시켜서 탈수하는 공법으로 사질지반에 사용한다.   99⑤ · 07① · 21①
    ㉡ 진공깊은 우물공법(Vacuum Deep Well)
      • 깊은 우물(Deep Well) 공법에 진공펌프를 설치한 공법이다.
      • 깊은 터파기 또는 침수량이 많을 때 적용하지만 비용이 많이 소요된다.
  ② 중력배수
    ㉠ 집수정 공법(Pit 또는 Sump) : 스며 나온 물을 수채통에 모아 펌프로 배수하는 공법으로 점토지반에 사용한다.
    ㉡ 깊은 우물공법(Deep Well) : 지름 30cm 정도의 케이싱을 박아 깊은 우물을 만들어 고인 물을 펌프로 배수하는 공법

제 5 절 | 터파기

1. 흙막이
(1) 흙막이에 작용하는 토압
  ① 버팀대의 반력 : 버팀대와 띠장이 토압에 대항하여 작용하는 힘
  ② 주동토압 : 옹벽 또는 흙막이의 뒷면에 작용하는 토압
  ③ 수동토압 : 버팀대의 반력과 같은 방향으로 작용하는 토압
  ④ 흙막이의 구조적 안전조건 : 반력 + 수동토압 > 주동토압

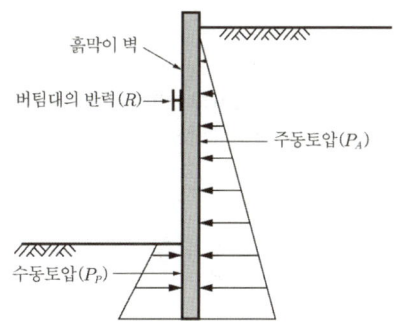

▎수평버팀대에 작용하는 응력▎

(2) 흙막이 붕괴 📖 12④ · 19②

① 히빙 📖 00②,③ · 05① · 08② · 10② · 12④ · 13④ · 19④ · 21④
  ㉠ 정의 : 점토 지반에서 흙막이벽 양쪽의 토압차 때문에 흙막이 뒷부분의 흙이 터파기하는 공사장으로 밀려 올라와 볼록하게 솟아오르는 현상
  ㉡ 대책 📖 13② · 17①
   • 흙막이벽을 깊게 타입
   • 이중 흙막이널 설치
   • 흙막이벽 상부의 과적하중 제거

② 보일링 📖 00②,③ · 05① · 08② · 10② · 12④ · 13④
  ㉠ 정의 : 모래 지반에서 흙막이벽을 설치하고 기초파기할 때의 흙막이벽 뒷면 수위가 높아서 지하수가 흙막이벽을 돌아서 모래와 같이 솟아오르는 현상 또는 사질토 속을 상승하는 물의 침투압에 의해 모래가 입자 사이의 평형을 잃고 액상화되는 현상
  ㉡ 대책 📖 01② · 09② · 13②
   • 흙막이벽을 깊게 타입
   • 배수공법으로 지하수위를 낮춤

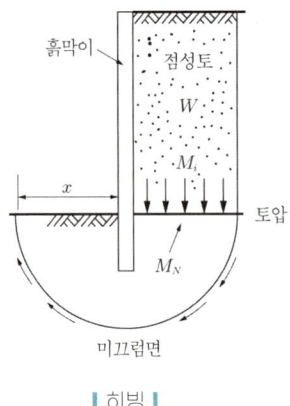

| 히빙 | 보일링 |

③ 파이핑 📖 00②,③ · 05① · 08② · 10② · 12④ · 13④
  ㉠ 정의 : 흙막이벽의 부실공사로 인해 흙막이벽의 뚫린 구멍 또는 이음새를 통하여 물이 공사장 내부바닥으로 스며드는 현상
  ㉡ 대책
   • 방축널의 수밀재 시공
   • 배수공법으로 지하수위를 낮춤

■ 인접 건물의 주위 지반이 침하할 수 있는 원인 📖 98② · 12④ · 19②
   (1) 히빙(Heaving)
   (2) 보일링(Boiling)
   (3) 파이핑(Piping)
   (4) 뒤채움 불량에 의한 침하
   (5) 널말뚝의 저면타입 깊이를 작게 했을 경우

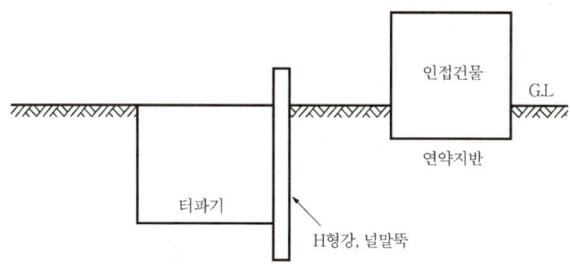

2. 터파기 공법

(1) 트렌치 컷(Trench cut) 공법 : 구조물 위치 전체를 동시에 파내지 않고 측벽이나 주열선 부분만을 먼저 파내고 그 부분의 기초와 지하구조체를 축조한 다음 중앙부의 나머지 부분을 파내어 지하구조물을 완성하는 공법이다. 📖 13② · 21①

(2) 아일랜드 컷(Island Cut) 공법 : 중앙부의 흙을 먼저 파고, 그 부분에 기초 또는 지하구조체를 축조한 후, 이것을 지점으로 하여 흙막이 버팀대를 경사지게 또는 수평으로 가설하여 널말뚝 부근의 흙을 마저 파내는 공법이다. 📖 12④ · 13② · 17② · 21①

① 순서 📖 05② · 09② · 18①
   흙막이 설치 → 중앙부 굴착 → 중앙부 기초구조물 축조 → 버팀대 설치 → 주변부 굴착 → 지하구조물 완성

(3) 어스앵커(Earth Anchor) 공법
① 정의 : 흙막이 배면을 천공하여 긴장재와 모르타르를 주입하여 경화시킨 후 긴장재에 인장력을 작용시켜 인발력(마찰력)으로 흙막이 배면의 토압을 지지하게 하는 방식 📖 98⑤ · 12④ · 19①
② 특성 📖 11④ · 17②
   ㉠ 버팀대가 불필요하여 깊은 굴착 시 경제적이다.
   ㉡ 넓은 작업장 확보가 가능하다.
   ㉢ 부분굴착이 가능하여 공구분할이 용이하다.
   ㉣ 공기단축이 가능하다.

(4) 지하연속벽(슬러리월, Slurry Wall) : 특수 굴착기와 공벽붕괴 방지용 벤토나이트 안정액(이수액)을 이용하여 지반을 굴착하고, 여기에 철근망을 삽입하여 세우고 콘크리트를 타설하여 연속적으로 지중연속벽을 형성하는 공법 📖 01② · 03② · 16④ · 19②
   ① 특성
      ㉠ 장점 📖 98① · 00② · 10② · 14④
         • 소음/진동이 적다.
         • 벽체 강성이 높아 인접 건물 근접시공이 가능하여 도심지 공사에 적합하다.
         • 신속한 시공이 가능하다.
         • 차수성이 크다.
      ㉡ 단점
         • 고가의 장비소요에 따른 시공비 상승이 우려된다.
         • 고도의 기술과 경험이 필요하다.
         • Slime 처리 미흡 시 침하가 우려된다.
   ② 벤토나이트 안정액
      ㉠ 정의 : 비중이 큰 안정액으로 팽창성을 가지고 있어서 지반을 굴착할 때 벽의 붕괴를 방지하며 이수액이라고도 한다.
      ㉡ 역할 📖 99⑤ · 02③ · 10④ · 23①,④
         • 굴착공 내의 붕괴 방지
         • 지하수 유입 방지(차수 역할)
         • 굴착 부분의 마찰 저항을 감소시킴
(5) 역타설(톱다운, Top Down) 공법
   ① 정의 및 시공순서 : 공기단축을 위해 기존 토공 방법과는 달리 건물 본체의 바닥 및 보를 먼저 축조한 후, 이에 흙막이벽에 걸리는 토압을 부담시키며, 지하 구조를 상부에서 하부로 축조하며 동시에 지상 작업도 병행하는 공법이다.

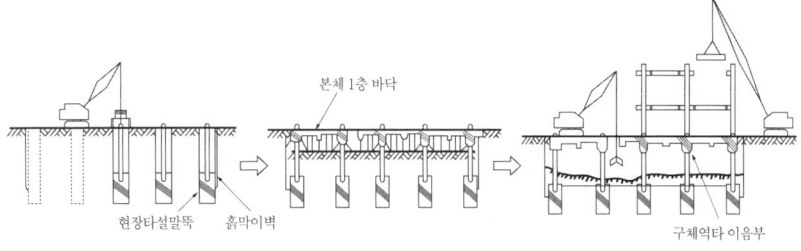

| 가설지주 세움 | 1층 바닥 콘크리트공사 | 터파기 · 지상 철골공사 |

② 특성 📖 06② · 12② · 17②
  ㉠ 장점 📖 98③ · 00② · 01② · 02① · 06③ · 09② · 11① · 16② · 17④ · 19② · 21② · 22②
    • 지하와 지상을 동시에 작업할 수 있어서 공기단축에 효과적이다(전천후 작업).
    • 1층 바닥을 먼저 축조한 후 그곳을 작업바닥으로 유효하게 이용할 수 있으므로 대지에 여유가 없는 경우에 유리하고, 우기 시에도 공사가 가능하다.
    • 소음 및 진동이 적어 도심지 공사에 적합하다.
    • 부정형인 평면 형상이라도 굴착이 가능하다.
    • 방축널로서 강성이 높게 되므로 주변 지반에 대한 악영향력이 적다.
  ㉡ 단점
    • 정밀한 시공계획이 필요하다.
    • 지하공사 시 환기 및 전기시설이 필수적이다.
    • 공사비 증가가 우려된다.
    • 수직부재와 수평부재의 이음부가 취약하다.
③ 공기단축 가능 이유 📖 05①
  ㉠ 지하와 지상의 구조물을 동시에 작업
  ㉡ 1층 바닥판이 먼저 축조되어 우천 시에도 작업 가능
  ㉢ 터파기와 구조체 작업이 병행
(6) 영구 구조물 스트러트 공법(SPS; Strut as Permanent System) 📖 15①
  ① 정의
    ㉠ Top Down 공법의 문제점인 지하공사 시 조명 및 환기 부족을 개선하여 개발된 공법으로 근래에 시공빈도가 가장 높은 공법이다.
    ㉡ Top Down 공법에서 가설 Strut(버팀대) 공법의 성능을 개선하여 흙막이 지지 Strut을 가설재로 사용하지 않고 영구 철골구조물로 활용하는 공법
  ② 특징 📖 05① · 12① · 14②
    ㉠ 가설재(버팀재)의 감소
    ㉡ 채광, 환기 등이 양호함
    ㉢ 지하/지상의 동시 작업으로 공기단축
    ㉣ 굴착작업이 용이함

(7) 언더피닝(Under Pinning) 📖 03② · 07① · 08③ · 14② · 18④ · 19④
   ① 정의 : 기존 건축물 가까이에서 신축공사를 할 때 기존 건축물의 침하를 방지하기 위해 지반과 기초를 보강하는 공법이다.
   ② 언더피닝의 적용 📖 18① · 22④
      ㉠ 터파기 시 인접 건물의 침하를 방지하고자 할 때
      ㉡ 기존 건축물의 기초를 보강하고자 할 때
      ㉢ 경사진 건물을 바로잡고자 할 때
   ③ 공법 종류 📖 03② · 07① · 08③ · 10① · 11④ · 14② · 15① · 18④ · 19④
      ㉠ 2중 널말뚝 공법 : 인접 건물과의 사이에 거리가 있을 때 흙막이 널말뚝의 외측에 2중으로 널말뚝을 박아 흙과 물의 이동을 막는 공법이다.
      ㉡ 현장타설 콘크리트말뚝 공법 : 인접 건물의 기둥, 벽(또는 목조)의 토대 밑에 우물 모양의 구멍을 파고 현장타설 콘크리트말뚝을 설치하는 공법이다.
      ㉢ 강재말뚝 공법 : 현장타설 콘크리트말뚝 공법 대신에 강재말뚝을 지지층까지 박고 기초 또는 기둥을 이 말뚝 위에서 잭(Jack)에 의해 지지시키는 공법이다.
      ㉣ 모르타르 및 약액주입 공법 : 사질토인 널말뚝 외부에 모르타르 또는 약액을 주입하여 지반을 고결시키는 공법이다.

3. 부상 방지
(1) 정의
   지하구조물은 지하수위에서 구조물 밑면까지의 깊이만큼 부력을 받으며 건물의 자중이 부력보다 적으면 건물이 부상하게 된다.
(2) 대책 📖 04③ · 09② · 12① · 14① · 20① · 22④ · 23①,②
   ① 건물의 자중 증가(상·하부 정원, 지하 2중 슬래브 설치)
   ② 락-앵커(Rock Anchor)를 사용하여 정착
   ③ 배수공법을 이용한 지하수위 저하
   ④ 지하수를 채운 이중 지하실의 설치

제 6 절 | 토공사용 장비

1. 계측관리
(1) 정의
   구조물 설계도서, 거동 예측자료 및 현장 계측자료를 비교·검토하여 시공 중 안전대책 및 위험예측 시 보강대책을 수립할 수 있게 정량적 수치 자료를 제공하는 것을 말한다.

(2) 계측기의 종류 📖 99④ · 01② · 04②,③ · 05① · 06③ · 08② · 09① · 11② · 12② · 14①,④ · 15④ · 17①,②

응력(Stress) 계측기	변위(Strain) 계측기
① 토압계(Soil Pressure Gauge) ② 유압식 토압계 　(Earth Pressure Meter) ③ 응력 측정계(Strain Gauge) 　: Strut 변형 측정	① Piezo Meter(간극수압 측정) ② Water Level Meter(지하수위 측정) ③ Level And Staff(지표면 침하 측정) ④ Transit(수평이동 측정) ⑤ Inclino Meter(지중 수평변위 측정) ⑥ Load Cell(하중, 측압 측정) ⑦ Tilt Meter(인접건물의 기울기 측정) ⑧ Extension Meter(지중 수직변위 측정)

(3) 계측기의 설치 위치 📖 13① · 21②

① Tilt Meter : 주변건물, 옹벽, 지반
② Level And Staff : 흙막이 배면, 인접구조물 주변
③ Water Level Meter : 흙막이 배면 지반
④ Piezo Meter : 흙막이 내면 연약지반
⑤ Strain Gauge(변형률계) : 어미말뚝, 띠장, 스트럿
⑥ Load Cell(하중계) : 띠장, 어스앵커
⑦ Inclino Meter(경사계) : 흙막이벽 중앙
⑧ Soil Pressure Gauge(토압계) : 흙막이 배면

2. 토공사용 건설장비

(1) 굴착 장비 📖 00④ · 18②

① 파워셔블(Power Shovel) : 기계가 서 있는 위치보다 높은 곳의 굴착에 적당하다.
② 드래그 라인(Drag Line) : 넓은 면적을 팔 수 있으나 주로 긁어모으는 용도이다.
③ 드래그 셔블 또는 백호우(Back Hoe) : 기계가 서 있는 지반보다 낮은 곳의 굴착에 좋고 굴착력도 크다.
④ 클램 쉘(Clamshell) : 지하연속벽, 케이슨 기초와 같은 연약지반의 좁은 곳의 수직 굴착(수중굴착)에 사용한다.
⑤ 트렌처(Trencher) : 일정한 폭의 구덩이를 연속으로 판다.

CHAPTER 04 지정공사

제1절 | 기초

1. 정의   06② · 12④ · 13② · 19①
   ① 기초 : 상부구조의 하중을 지반에 안전하게 전달시키는 건축물의 최하부 구조 부분을 말한다.
   ② 지정 : 기초의 밑면을 보강하거나 지반의 지지력을 보강하기 위한 부분을 말한다.

제2절 | 말뚝지정

1. 기성콘크리트 말뚝
(1) 말뚝의 무소음·무진동 공법   00② · 01① · 02③ · 04③ · 10② · 15③
   ① 프리보링(Pre-Boring) 공법 : 말뚝 구멍을 먼저 굴착 후 말뚝을 매입하거나 타입, 압입을 병용하는 공법
   ② 압입공법 : 유압 Jack을 이용하여 회전 압입·진동 압입 등으로 말뚝에 압력을 가하여 매입하는 방법
   ③ 중굴공법 : 말뚝의 가운데 빈 부분을 이용하여 굴착하고, 말뚝을 매입하는 방법
   ④ 수사식 공법(Water Jet) : 물을 고속 분사하여 지반을 무르게 하고 타입, 압입하여 말뚝을 매입하는 공법
(2) 말뚝의 이음 방법   98① · 98② · 00⑤ · 01② · 03①
   ① 충전식
   ② 볼트식
   ③ 용접식
   ④ 장부식

2. 제자리 콘크리트 말뚝
(1) 일반사항
   ① 적용 : 암반이 지하 깊이 있고 말뚝박기의 길이가 너무 길 때 사용
   ② 특징
      ㉠ 장점
         • 재료의 운송비를 절약할 수 있다.
         • 소음이 없다.

ⓒ 단점
　　　• 기성 콘크리트 말뚝보다 압축강도가 작다.
　　　• 완성된 상태를 확인할 수 없다.
　③ 종류　📖 04①·05②·09②·16④
　　㉠ 관입공법 : **심플렉스, 레이몬드, 프랭키, 컴프레솔, 페데스탈**
　　㉡ 굴착공법 : **어스 드릴(칼웰드, Carlweld), 베노토, 역순환 공법, 이코스 공법**
　　㉢ Prepacked 공법 : **CIP, PIP, MIP**
　④ 벤토나이트액의 사용목적　📖 99⑤·02③·10④
　　㉠ 굴착공(구멍) 내의 붕괴 방지
　　㉡ 지하수 유입 방지
　　㉢ 굴착 부분의 마찰저항 감소 목적

(2) 관입공법　📖 06③
　① 심플렉스 파일(Simplex) : 굳은 지반에 **철관을 쳐서 박아넣고 그 속에 콘크리트를 부어 넣고 중추로 다짐하여 외관을 뽑아내는 공법**
　② 레이몬드 파일(Raymond) : 얇은 철판의 외관에 심대(Core)를 넣고 박아 **심대를 뽑고 콘크리트를 넣은 후 다짐을 실시하여 외관이 땅속에 남은 유각 파일**을 말한다.
　③ 프랭키 파일(Franky) : 심대 끝에 주철제 원추형의 마개 달린 외관을 2~2.6ton의 추로 내려쳐 마개와 외관을 지중에 박고 소정의 깊이에 도달하면, 내부의 마개와 추로 다져 구근을 만들면서 외관만을 빼내며 콘크리트 말뚝을 형성한다.
　④ 컴프레솔 파일(Compressol) : **끝이 뾰족한 추로 천공하고, 속에 넣은 콘크리트를 끝이 둥근 추로 다진 후에 평면 추로 다짐하여 콘크리트 말뚝을 만드는 공법**
　⑤ 페데스탈 파일(Pedestal) : **외관과 내관의 2중관을 소정 위치까지 관입한 다음 내관을 빼내고 외관 내에 콘크리트를 타설한 후 내관을 넣어 다지면서 외관을 천천히 뽑아 올리며, 콘크리트 구근형 말뚝을 형성한다.**　📖 98②·02②·06②

(3) 굴착공법
　① 베노토(Benoto) 공법　📖 98③·03③·09②
　　㉠ 정의 : 특수 고안된 Casing Tube를 좌회전과 우회전 운동의 반복에 의해 요동시키면서 지반의 마찰저항을 감소시켜 **유압잭으로 압입**하면서 공벽 파괴를 방지하고 **Hammer Grab**으로 굴착 후 철근을 삽입하고 콘크리트를 충전하면서 Casing Tube를 빼내면서 말뚝을 조성하는 공법
　　㉡ 특성

장점	단점
① 시공정밀도 우수	① 공사비 고가
② 밀실한 콘크리트 타설 가능	② 시공속도 느림

(4) 프리팩트 파일(Prepacked Pile) 09① · 16①
   ① CIP(Cast-in-Place Pile) 99③ · 03①
      어스 오거로 굴착 후 철근을 넣고 모르타르 주입용 pipe를 설치한 다음 자갈을 다져 넣고 모르타르를 주입하여 지지말뚝으로 만든다.
   ② PIP(Packed-in-Place Pile)
      지중에 스크루 오거를 삽입하여 소정의 깊이까지 굴착 후 흙과 오거를 뽑아올리면서 오거 중심부에 있는 선단을 통하여 모르타르나 콘크리트를 주입하여 말뚝을 만드는 공법이다.
   ③ MIP(Mixed-in-Place Pile)
      로터리 드릴(Rotary Drill) 선단에 윙 커터(Wing Cutter)를 장치하여 흙을 뒤섞으며 지중을 굴착한 다음, 파이프 선단으로 모르타르를 분출시켜 흙과 모르타르를 혼합시켜 소일 콘크리트 말뚝을 만든다.

CHAPTER 05 철근콘크리트공사

제1절 | 철근공사

1. 철근의 종류 및 시험
(1) 형태
  ① 원형철근 : 철근의 지름을 ϕ로 표시한다.
  ② 이형철근 📖 18①
    ㉠ 철근의 지름을 D로 표시한다.
    ㉡ 콘크리트와의 부착력 증대를 위해 표면에 리브와 마디를 설치해서 만든 철근
  ③ PS 긴장재 📖 05① · 10② · 16①
    ㉠ PC 강봉(Prestressing Steel Bar)
    ㉡ PC 강선(Prestressing Wire)
    ㉢ PC 강연선(Prestressing Wire Stand)
    ㉣ 피아노선(Piano Wire) : 철근 강도의 5배인 고강도 철선

(2) 용도
  ① 인장철근
    콘크리트가 인장력을 받는 곳에 설치한 철근으로, 인장력에 약한 콘크리트의 단점을 보완하기 위하여 사용된 철근
  ② 수축·온도철근 📖 09① · 11④ · 15② · 20⑤
    콘크리트의 건조수축, 온도변화 등에 의해 발생하는 콘크리트 수축균열을 줄이기 위해 사용되는 철근

2. 철근의 가공
(1) 일반사항
  ① 종류: 절단, 구부리기
  ② 공구
    ㉠ 구부리기용 : 후커(Hooker), 바벤더(Bar-bender)
    ㉡ 철근 절단용 : 모루, 용접기, 쇠톱
    ㉢ 철선 절단용 : 와이어 클리퍼(Wire Clipper) 📖 01② · 09④ · 13①

3. 철근의 정착 📖 06② · 산23③

구분	정착 위치
기둥의 주근	기초
큰 보의 주근	기둥
작은 보의 주근	큰 보
직교하는 단부 보 하부에 기둥이 없을 때	보 상호 간
바닥 철근	보 또는 벽체
벽 철근	기둥, 보 또는 바닥판
지중보의 주근	기초 또는 기둥
기초의 주근	기둥

4. 철근의 이음
(1) 일반사항
　① 종류　📖 99④ · 02③ · 05③ · 13① · 16① · 20④
　　㉠ 겹침이음(결속선 이음) : 철선으로 결속하여 콘크리트와의 부착력에 의한 이음
　　㉡ 용접이음 : 아크나 전기로 용접
　　㉢ 가스압접이음 : 가열, 가압하는 일종의 용접이음
　　㉣ 기계적이음(슬리브 이음) : 슬리브나 나사를 이용한 이음
　② 이음 위치　📖 99③ · 산21① · 산22③
　　㉠ 이음의 위치는 가급적 응력이 적게 발생하는 곳으로 한다.
　　㉡ 동일 장소에 이음이 철근수의 1/2 이상이 집중되지 않도록 한다.
　　㉢ 기둥은 기둥높이의 2/3 이하에서, 보는 압축을 받는 곳에서 잇는 것이 좋다.
　　㉣ D35를 초과하는 철근은 겹침이음을 하지 않는다.
　　㉤ 상호 엇갈리게 이음한다.

(2) 가스압접(용접이음)
　① 가스압접으로 이음을 할 수 없는 경우　📖 02② · 09① · 13② · 17④
　　㉠ 철근의 지름 차이가 6mm를 초과하는 경우
　　㉡ 철근의 재질이 서로 다른 경우
　　㉢ 항복점 강도가 서로 다른 경우

5. 철근의 간격 및 조립
(1) 철근의 간격
　① 철근의 간격 유지의 목적　📖 03① · 07② · 10① · 12② · 13④ · 14① · 22②
　　㉠ 콘크리트의 유동성 확보
　　㉡ 재료분리 방지
　　㉢ 소요강도 유지 및 확보
　　㉣ 철근의 부착력 확보

② 철근의 최소 순간격   📖 04③ · 07③ · 09④ · 16② · 23②
　㉠ 25mm 이상
　㉡ 1.0d 이상(d : 주철근 지름)
　㉢ 4/3G 이상(G : 굵은 골재 크기)
　위의 세 가지 중 큰 값으로 한다.
(2) 간격재(스페이서, Spacer)   📖 99① · 21①
　① 정의 : 구조 부재에 배근되는 철근 사이의 간격을 벌리기 위하거나, 거푸집에 밀착되는 것을 방지(철근의 피복두께 유지)하기 위한 간격재
　② 간격재의 종류   📖 00①
　　㉠ 모르타르 재료의 간격재
　　㉡ 철판을 절곡시킨 간격재
　　㉢ 철근을 조립한 간격재
(3) 조립순서   📖 98⑤ · 99② · 18②
　① RC조
　　기초 → 기둥 → 벽 → 보 → 슬래브 → 계단

6. 철근의 방청

(1) 부식의 필수 3요소   📖 98③ · 99③ · 06③
　① 물
　② 공기
　③ 염분
(2) 철근의 부식 방지책   📖 98③ · 99③ · 01③ · 03①,② · 05① · 06③ · 09① · 13① · 18④ · 22④
　① 철근에 아연도금, 에폭시 코팅
　② 콘크리트에 방청제 혼입
　③ 물시멘트가 작은 콘크리트를 사용
　④ 충분한 피복두께
　⑤ 염분 허용량($0.3kg/m^3$ 이하) 준수

7. 콘크리트 피복두께   📖 01② · 10② · 산21③

(1) 정의
　콘크리트 외면에서부터 첫 번째 나오는 철근의 표면까지의 거리
(2) 목적   📖 02② · 06② · 08① · 10② · 산21③ · 산23①
　① 내구성 확보(중성화 방지)
　② 내화성 확보
　③ 시공성 확보
　④ 콘크리트와 철근의 부착력 증대

(3) 최소 피복두께 📖 산23②

수중에서 타설하는 콘크리트			100mm
흙에 접하여 콘크리트를 친 후 영구히 흙에 묻혀 있거나 수중에 있는 콘크리트			75mm
흙에 접하거나 옥외의 공기에 직접 노출되는 콘크리트		D19 이상 철근	50mm
		D16 이하 철근/철선	40mm
옥외의 공기나 흙에 직접 접하지 않는 콘크리트	슬래브, 벽체, 장선	D35 초과 철근	40mm
		D35 이하 철근	20mm
	보, 기둥*		40mm
	쉘, 절판부재		20mm

* 콘크리트의 설계기준강도 f_{ck}가 40MPa 이상인 경우 규정된 값에서 10mm를 저감시킬 수 있음

제2절 | 거푸집 공사

1. 거푸집의 구성

(1) 재료
① 부속재료
  ㉠ 격리재(Separator, 세퍼레이터) : 벽거푸집이 오므라지는 것을 방지하고 **간격을 일정하게 유지하여 격리와 긴장재 역할**을 하는 것을 말한다.
  📖 01③ · 07① · 09④ · 11② · 13① · 17④ · 18④
  ㉡ 긴장재(Form tie) : 콘크리트를 부어넣을 때 **거푸집의 간격을 유지하며 벌어지는 것을 막는 것**으로 철재 널에서는 플랫 타이(Flat tie)를 사용한다. 📖 09④ · 11② · 13① · 17④ · 18④ · 산23③
  ㉢ 간격재(Spacer, 스페이서) : 슬래브에 배근되는 **철근이 거푸집에 밀착하는 것을 방지**하기 위해 또는 철근의 피복두께를 유지하기 위해 벽이나 바닥 철근에 대어주는 것으로 다음과 같은 종류가 있다. 📖 00① · 09④ · 11② · 13①,② · 17④ · 18④ · 산23③
    ⓐ 철판재
    ⓑ 철근재
    ⓒ 파이프재(PVC재)
  ㉣ 박리제(Form Oil) : 중유, 파라핀, 합성수지 등을 사용하여 **거푸집의 탈형과 청소를 용이하게 만들기 위해** 합판 거푸집 표면에 미리 바르는 것을 말한다. 📖 01③ · 07① · 11② · 17④ · 산23③
  ㉤ 인서트(Insert) : 콘크리트에 달대와 같은 **설치물을 고정하기 위하여 매입하는 철물**이다. 📖 09④ · 13① · 18④

ⓗ 와이어 클리퍼(Wire Clipper) : 콘크리트가 경화한 후 거푸집 긴장철선을 절단하는 절단기이다. 📖 09④ · 13①

ⓢ 컬럼밴드(Column Band) : 기둥 거푸집의 고정 및 측압 버팀용으로 사용되는 것으로 주로 합판 거푸집에서 사용된다. 📖 11② · 17④

2. 거푸집 설계

(1) 측압

① 콘크리트 헤드(Concrete Head) 📖 01③ · 07④ · 09① · 11④ · 15① · 16① · 23②
수직거푸집에서 타설된 **콘크리트 윗면으로부터 최대측압이 발생하는 면까지의 수직거리**

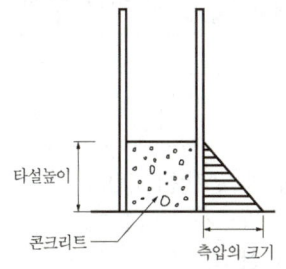

┃ 콘크리트 타설 시작 ┃　　┃ 하부는 콘크리트가 경화 시작 ┃

② 측압에 영향을 주는 요소 📖 98⑤ · 06① · 07① · 10① · 12② · 15④ · 17④ · 산21③
　㉠ 콘크리트 반죽의 슬럼프
　㉡ 콘크리트 타설 속도
　㉢ 콘크리트 타설 높이
　㉣ 시멘트량
　㉤ 사용 철근량
　㉥ 진동기의 사용 여부

③ 증가요인 📖 98⑤ · 06① · 07① · 10① · 산21① · 산23②
　㉠ 사용철근·철골량이 적을수록
　㉡ 온도가 낮을수록, 습도가 높을수록
　㉢ 분말도가 작을수록
　㉣ 거푸집 강성이 클수록
　㉤ 슬럼프가 크고 배합이 부배합일수록(컨시스턴시가 클수록)
　㉥ 벽두께가 두꺼울수록
　㉦ 부어 넣기 속도가 빠를수록
　㉧ 시공연도가 좋을수록
　㉨ 다지기가 충분할수록(진동기 사용 시 30% 증가)
　㉩ 투수성이 작을수록
　㉪ 부재의 크기가 클수록

3. 거푸집 존치기간 📖 98④ · 04① · 07② · 09①,② · 12② · 15① · 17① · 18① · 19① · 산21②,③ · 산22① · 23②

(1) 수직재

기초, 보 옆, 기둥 및 벽 거푸집 널

① 콘크리트 압축강도 5MPa 이상일 때

② 평균기온 10℃ 이상일 때는 아래 표와 같다(2021년 2월 개정)

시멘트의 종류 평균기온	조강 포틀랜드 시멘트	보통 포틀랜드 시멘트 고로슬래그시멘트 특급 포틀랜드포졸란시멘트 A종 플라이애시시멘트 A종	고로슬래그시멘트 1급 포틀랜드포졸란시멘트 B종 플라이애시시멘트 B종
20℃ 이상	2	4	5
20℃ 미만 10℃ 이상	3	6	8

(2) 수평재(바닥판 밑, 지붕판 밑, 보 밑 거푸집 널 및 받침기둥)

① 설계기준강도의 2/3 이상 콘크리트 압축강도가 얻어질 때

② 또한 최소 콘크리트 압축강도 14MPa 이상

(3) 영향을 미치는 요인 📖 98④ · 04① · 07② · 09①,②

① 부재의 종류, 위치

② 콘크리트의 강도

③ 시멘트의 종류

④ 평균온도(기온)

4. 거푸집 종류

(1) 특수거푸집 종류 📖 10② · 산21③ · 산22③ · 23④

벽체 전용	바닥전용	벽체 · 바닥전용
① 갱(Gang) 폼 ② 클라이밍(Climbing) 폼 ③ 대형 패널폼 ④ 셔터링 폼	플라잉 폼/테이블 폼	터널 폼

이동거푸집	무지주 공법	바닥판식
① 슬라이딩/슬립 폼 ② 트레블링 폼	① 보우 빔 ② 페코 빔	① 데크플레이트 ② 하프슬래브 ③ 워플 폼

(2) 벽체 전용 거푸집

시공이 빠르고 이음이 없는 수밀한 콘크리트 구조물을 완성할 수 있는 벽체 전용 System 거푸집

① 갱(Gang) 폼 📖 99④ · 01③ · 07①
  ㉠ 정의
    ⓐ 거푸집을 사용할 때마다 작은 부재의 조립, 분해를 반복하지 않고 대형화, 단순화하여 한 번에 설치하고 해체하는 거푸집 시스템이다.
    ⓑ 주로 벽체 전용 거푸집으로 사용한다.
  ㉡ 특성 📖 00④ · 01③ · 02① · 03② · 05② · 09① · 10② · 11④ · 13① · 15① · 19② · 산22② · 산23①

장점	단점
① 조립과 해체가 불필요하여 비용 절감	① 대형 양중장비 필요
② 가설비, 노무비의 절약	② 초기 투자비 과다
③ 이음새가 발생하지 않아 마감에 유리	

② 클라이밍(Climbing) 폼
  ㉠ 정의
    ⓐ 벽체용 거푸집으로서 거푸집과 벽체 마감공사를 위한 비계틀을 일체로 조립하여 한꺼번에 인양시켜 실시하는 공법이다.
    ⓑ 수직적으로 반복되거나 높이가 높은 건축물 또는 구조물에 적용된다.
  ㉡ 특성
    ⓐ 비계설치 불필요
    ⓑ 콘크리트면의 품질 양호
    ⓒ 인력절감 및 시공속도 빠름
    ⓓ 초기 투자비 증대

(3) 바닥전용 거푸집
  ① 플라잉(Flying) 폼 또는 테이블(Table) 폼 📖 99④ · 05③ · 19④
    ㉠ 정의
      ⓐ 거푸집판, 장선, 멍에, 서포트 등을 일체로 제작하여 수평/수직 이동이 가능한 바닥용 거푸집 공법이다.
      ⓑ 반복 모듈을 가진 수직재 및 수평재에 적용된다.
    ㉡ 특성 📖 02① · 04④ · 05②
      ⓐ 조립분해 과정의 생략(설치기간 단축)
      ⓑ 거푸집의 처짐량이 적고 외력에 대한 안정성이 높음
      ⓒ 재료의 전용률이 큼
      ⓓ 넓은 구획의 수평이동이 용이함
      ⓔ 초기 투자비 증대

(4) 벽과 바닥전용 거푸집
① 터널(Tunnel) 폼 📖 01② · 04① · 08② · 10① · 11① · 12④ · 14④ · 16② · 18②
  ㉠ 정의
    ⓐ 대형 형틀로 벽과 바닥의 콘크리트 타설을 일체화하기 위한 ㄱ자 또는 ㄷ자 형의 기성재 거푸집으로 한 번에 설치·해체할 수 있도록 한 거푸집
    ⓑ 1개 실내의 거푸집이 일체로 제작한 것을 트윈 셸(Twin Shell), 2개 이상의 조각으로 제작한 것을 모노셸(Mono Shell)이라고 한다.
  ㉡ 특성
    ⓐ 병원, 호텔과 같이 같은 크기가 반복되는 구조에 적용
    ⓑ 거푸집 일체성
    ⓒ 조립해체 공정 감소와 공사비 절감
    ⓓ 인양 장비 필요
(5) 이동 거푸집 📖 99④ · 10②
① 슬라이딩(Sliding) 폼 📖 09①,③ · 14④ · 16② · 18① · 22②,④
  ㉠ 정의
    ⓐ 유닛 거푸집을 설치하여 요크(York)로 거푸집을 끌어올리면서 연속해서 콘크리트를 타설 가능한 수직활동 거푸집
    ⓑ 원형 철판거푸집을 요크(Yoke)로 서서히 끌어올리는 공법으로 사일로(Silo), 굴뚝 등 단면형상의 변화가 없는 구조물에 사용한다.
  ㉡ 특성
    ⓐ 조립·해체가 없어 공기 1/3 단축
    ⓑ 연속성 확보
    ⓒ 내외비계 발판이 필요 없음
② 슬립 폼 📖 15② · 18④
  ㉠ 정의
    ⓐ 연속으로 콘크리트를 타설하기 위한 수직활동 거푸집
    ⓑ 급수탑, 전망탑 등 단면의 형상이 변화하는 구조물의 시공에 사용한다.
③ 트래블링(Traveling) 폼 📖 15② · 18①,④ · 22④
  ㉠ 정의
    ⓐ 한 구간의 콘크리트를 타설한 후 거푸집을 낮추고 다음에 콘크리트를 타설하는 구간까지 구조물을 따라 거푸집을 이동시키는 거푸집 공법이다.
    ⓑ 수평 이동이 가능한 system 거푸집 공법

ⓛ 특성
  ⓐ 최대한의 거푸집 전용 가능
  ⓑ 시공정밀도의 향상
  ⓒ 공기단축 가능 및 공사비 절감

(6) 무지주 공법
  ① 정의 : 거푸집 공사 시 층고가 높거나 경량 건축물일 때 상판 거푸집을 지지하는 받침기둥 없이 보를 걸어서 거푸집을 지지하는 방식
  ② 종류 📖 01①
    ㉠ 보우 빔(Bow Beam) : 수평조절 불가능
    ㉡ 페코 빔(Pecco Beam) : 길이조절 가능(신축 가능) 📖 04① · 08② · 11① · 12④

(7) 바닥판식
  ① 워플(Waffle) 폼 📖 01③ · 04① · 06① · 07① · 08② · 11① · 12④ · 14④ · 18① · 22② · 22④
    ㉠ 정의 : 무량판 구조에서 2방향 장선 바닥판구조가 가능하도록 된 특수상자 모양의 기성재 거푸집
    ㉡ 특성
      ⓐ 거푸집 조립에 소요되는 시간 단축
      ⓑ 초기 투자비 증대

• Tip 무량판 구조 📖 01②
RC조 구조방식에서 보를 사용치 않고 바닥슬래브를 직접 기둥에 지지시키는 구조방식

  ② 데크 플레이트(Deck Plate) 📖 13② · 18① · 22④
    ㉠ 정의 : 아연도 철판을 절곡 제작하여 거푸집으로 사용하여 콘크리트 타설 후 사용철판을 바닥하부 마감재로 사용하는 공법이다.
    ㉡ 특성
      ⓐ 바닥판과 보의 일체성 증대
      ⓑ 작업 시 안전성 강화 및 동바리 수량 감소로 원가절감이 가능
      ⓒ 비계설치 필요

제3절 | 콘크리트 공사 - 재료

1. 재료

(1) 시멘트

① 시멘트의 종류

포틀랜드 시멘트 📖 08① · 10④ · 14④ · 17② · 22④ · 산23①	혼합시멘트 📖 03③	특수시멘트
① 보통 포틀랜드 ② 중용열 포틀랜드 ③ 조강 포틀랜드 ④ 저열 포틀랜드 ⑤ 내황산염 포틀랜드	① 고로슬래그 ② 플라이애시 ③ 포졸란(실리카)	① 알루미나 시멘트 ② 팽창 시멘트 ③ 초조강 시멘트

② 시멘트의 성분(주요 화합물) 📖 12① · 16④
  ㉠ $3CaO \cdot SiO_2$(규산 삼석회 : C_3S)
    ⓐ 조기강도에 관여한다.
    ⓑ 조기강도가 크고 장기강도는 낮다.
  ㉡ $2CaO \cdot SiO_2$(규산 이석회 : C_2S)
    ⓐ 장기강도에 관여한다.
    ⓑ 장기강도가 크고 조기강도는 낮다.
  ㉢ $3CaO \cdot Al_2O_3$(알루민산 삼석회 : C_3A)
    헛응결에 관여하며 가장 안 좋은 성분이다.
  ㉣ $4CaO \cdot Al_2O_3 \cdot Fe_2O_3$(알루민산철 사석회 : C_4AF)

③ 시멘트의 종류별 특성 📖 11①
  ㉠ 중용열 시멘트
    ⓐ 내식성이 좋으며 발열량 및 수축률이 작다.
    ⓑ 대단면 구조재, 방사선 차단물에 사용한다.
  ㉡ 조강 시멘트
    ⓐ 조기강도가 크고, 수화 발열량이 많다.
    ⓑ 저온에서 강도의 저하율이 낮다.
    ⓒ 긴급공사나 한중 콘크리트 공사에 사용한다.
  ㉢ 고로슬래그 시멘트
    ⓐ 비중이 낮다(약 2.9).
    ⓑ 응결시간이 길며 단기강도가 부족하다.
    ⓒ 수화열이 적으며 수축 균열이 적다.
    ⓓ 대단면 공사, 해안 공사, 지중 구조물 등에 사용한다.

ⓔ 플라이애시 시멘트 : 타고 남은 석탄의 재를 모아 제조한 시멘트
📖 96③ · 00③ · 16④ · 산21③
ⓐ 시공연도가 좋아지므로 단위수량을 감소시킬 수 있다.
ⓑ 단위수량이 감소시킬 수 있으므로 수화열이 적고 건조수축이 적다.
ⓒ 초기강도는 다소 떨어지나 장기강도는 증가한다.
ⓓ 수밀성이 좋다.
ⓔ 해수에 대한 내화학성이 크다.
④ 시멘트의 시험 및 경화
㉠ 시멘트의 재료시험 방법 📖 98① · 00④ · 02②,③ · 03②
ⓐ 분말도 시험 : 표준체를 사용한 체가름 시험, 브레인법 📖 08③ · 11④ · 17④ · 산22② · 22④
ⓑ 강도 시험 : 슈미트해머 압축강도시험
ⓒ 비중 시험 : 르샤델리에 비중병
ⓓ 안정도 시험 : 오토 클레이브(Auto Clave) 팽창도 시험
ⓔ 응결 시험 : 길모어 바늘
㉡ 시멘트의 응결/경화
ⓐ 용어
- 응결 : 시멘트의 유동성이 없어지는 현상
- 경화 : 시멘트의 강도가 발현되기 시작하는 현상
ⓑ 응결
- 헛응결(False set) : 시멘트에 물을 혼합한 후 10~20분 정도 지나면 응결이 되었다가 다시 묽어지는데 이후 순조롭게 경화되는 현상
📖 03① · 11④ · 17①
- 본응결

(2) 골재
1) 종류와 요구성능
① 종류
㉠ 크기
ⓐ 잔골재 : No.4(5mm)체를 모두 통과하는 것
ⓑ 굵은골재 : No.4(5mm)체에 모두 남는 것
㉡ 중량 : 비중의 크고 작음으로 결정
ⓐ 경량 : 2.0 이하
ⓑ 보통 : 2.65 정도
ⓒ 중량 : 2.7 이상 📖 01② · 10② · 13①
- 용도 : 방사선 차폐
- 종류 : 중정석, 자철광

② 골재의 요구성능 99⑤·16①·산22③
　㉠ 입도와 입형이 좋을 것
　㉡ 불순물을 포함하지 않은 것
　㉢ 소요강도를 충족할 것
　㉣ 물리적/화학적으로 안정할 것
③ 불순물에 의한 피해 99①·01①·06③
　㉠ 유기불순물 : 콘크리트 강도 및 내구성 저하
　㉡ 염화물 : 중성화 및 철근 부식(제한 : 콘크리트 체적의 $0.3kg/m^3$ 이하)
　　 99②
　㉢ 점토 덩어리 : 부착력 저하와 균열
　㉣ 당분 : 응결지연

2) 성질 및 품질

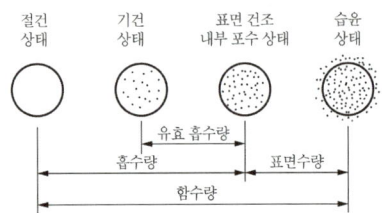

① 함수율
　㉠ 함수량 : 골재의 습윤상태의 중량과 절건상태의 중량의 차, 또는 골재의 표면 및 내부에 있는 물의 전 중량 98②·99②·05①·19④·22②·산22③
　㉡ 함수율 : 절대건조 상태의 골재 중량에 대한 함수량의 백분율
　㉢ 흡수량 : 골재의 표면건조 내부 포수상태의 중량과 절건상태의 중량의 차, 또는 표면건조 내부 포화상태의 골재 중에 포함되는 물의 양 98②·99②·05①·09④·13④·19④·22②·산22③
　㉣ 흡수율 : 절건상태의 골재 중량에 대한 흡수량의 백분율
　㉤ 유효흡수량 : 흡수량과 기건상태의 골재 내에 함유된 수량과의 차 99②·09①·12②·산22③
　㉥ 유효흡수율 : 기건상태의 골재 중량에 대한 유효흡수량의 백분율
　㉦ 표면수량 : 함수량과 표면건조 내부 포수상태의 골재 내에 함유된 수량의 차(함수량-흡수량) 또는 골재 표면에 묻어 있는 수량으로 표면건조 포화상태에 대한 시료 중량의 백분율 98②·99②·09④·13④·산22③
　㉧ 표면수율 : 표면건조 내부 포수상태의 골재중량에 대한 표면수량의 백분율
　㉨ 절대건조상태(절건상태) : 골재를 건조기 내에서 온도 110℃ 이내로 24시간 이상 건조시킨 상태 99②·04④·13④
　㉩ 기건상태 : 골재 내부에 약간의 수분이 있는 대기 중의 건조상태 99②·09④·13④

ⓚ 습윤상태 : 골재의 내부는 이미 물이 채워져 있고, 표면에도 물이 묻어 있는 상태   📖 09④ · 13④
② 조립률(FM ; Fineness Modulus)   📖 07① · 09② · 11① · 15② · 21②
㉠ 골재의 입도를 체가름 시험을 통해 수치로 표현한 것으로 골재의 대략적인 크기를 알 수 있음
㉡ 사용체 : 80mm, 40mm, 20mm, 10mm, No.4, No.8, No.16, No.30, No.50, No.100
㉢ 산정식 : FM = $\dfrac{\text{각 체에 남는 양(\%)의 누계의 합}}{100}$

(3) 혼화재료
1) 구분   📖 07③ · 13② · 산22①

	혼화제	혼화재
배합 시 부피	무시	고려
성분	화학물질	광물질
사용량	소량	다량
대표재료	AE제	플라이애시
정의	시멘트 중량의 5% 미만으로서 약품적 성질만 가진 재료	시멘트 중량의 5% 이상으로서 시멘트 성질을 개량하는 재료

2) 혼화제와 혼화재
① 혼화제
㉠ 종류   📖 99①,⑤ · 01③ · 07③ · 13② · 산22②,③ · 산23①
ⓐ 표면활성제 : 공기 연행제(AE제), 분산제
ⓑ 응결 경화 촉진제 : 시멘트와 물과의 화학반응을 촉진시키는 혼화제로 염화칼슘, 규산소다, 염화제이철, 염화마그네슘 등이 있음   📖 99② · 05①
ⓒ 응결 경화 지연제 : 시멘트와 물과의 화학반응이 늦어지게 지연시키는 혼화제   📖 99② · 05①
ⓓ 발포제 : 콘크리트의 단위용적중량의 경감 혹은 단열성을 높이는 목적으로 안정된 기포를 물리적인 수법으로 도입시키는 혼화제로 알루미늄, 아연의 분말 등이 있다.   📖 08① · 12④
ⓔ 방동제 : 염화칼슘, 식염(다량 사용하면 강도의 저하와 급결의 우려가 있다)
ⓕ 감수제 : 소정의 컨시스턴시를 얻는 데 필요한 단위수량을 감소시키고, 콘크리트의 시공연도(Workability) 등을 향상시키기 위하여 사용하는 혼화재료로 표준형, 지연형 및 촉진형의 3종류가 있다.

- ⓖ 유동화제 : 미리 비벼 놓은 콘크리트에 첨가하거나, 콘크리트 비빔 시 섞어 사용함으로써 그 유동성을 증대시키는 것을 주목적으로 하는 혼화재료이다.
- ⓗ 방청제 : 콘크리트 내부의 철근이 콘크리트에 혼입되는 염화물에 의해 부식되는 것을 억제하기 위해 사용되는 혼화제
ⓛ AE제 : 콘크리트 내부에 미세한 독립된 기포를 발생시켜 콘크리트의 작업성 및 동결융해 저항성능을 향상시키기 위해 이용되는 혼화제 📖 99①·05①·08①·12④
  - ⓐ 특징 📖 산21②·산23②
    - 시공연도 증진
    - 내구성 증진
    - 동결융해 저항성 증진
    - 단위수량 감소
    - 재료분리 감소
    - 수밀성 증가
    - 발열량 감소
  - ⓑ 용도 📖 00④·12②·17①
    - AE 콘크리트 : 내구성 향상
    - 쇄석 콘크리트 : 시공연도 증진
    - 한중 콘크리트 : 동결 융해 저항성 증진
ⓒ 콘크리트 배합의 공기(Air)
  - ⓐ 종류
    - 엔트랩트 에어(Entrapped Air, 자연적 공기) : 콘크리트를 배합할 때 자연적으로 함입되는 공기로서 배합되는 콘크리트량의 1~2% 정도가 함입된다. 📖 98⑤·01③·06②·07①·08③·12②·17②
    - 엔트레인드 에어(Entrained Air, 인위적 공기) : 시공연도 증진을 위하여 공기 연행제 등의 혼화제를 사용하여 인위적으로 발생시킨 공기로서 배합되는 콘크리트량의 3~5% 정도가 생성된다.
      📖 98⑤·01③·06②·07①·17②,④
  - ⓑ 영향
    - 공기량 1% 증가 시 압축강도 4% 정도 감소
    - 온도가 높을수록 감소
    - 진동을 주면 감소

② 혼화재
- ㉠ 종류 📖 99⑤·01③·04②·07③·13②
  - ⓐ 고로슬래그, 플라이애시, 포졸란, 실리카 퓸
  - ⓑ 착색제 : 빨강-제2산화철, 노랑-크롬산 바륨, 파랑-군청, 갈색-이산화망간, 검정-카본블랙, 초록-산화크롬 📖 13①·16②
- ㉡ 포졸란 📖 96③·09④
  - ⓐ 포졸란 반응의 정의
    - 포졸란 물질은 자체적으로는 물과 반응하여 경화하는 성질을 가지고 있지 않다.
    - 상온에서 수산화칼슘($Ca[OH_2]$)과 반응하여 수경성을 가지고 Silicate 성분을 생성하는 반응
  - ⓑ 특징
    - 워커빌리티 증진
    - 블리딩, 재료분리 감소
    - 수밀성 증진
    - 해수의 화학적 저항성 증대
    - 초기강도 감소, 장기강도 증가
    - 발열량 감소
    - 건조수축 감소

제 4 절 | 콘크리트 공사 - 배합/성질

1. 배합

(1) 순서 📖 04①·06③·08②
  ① 소요강도 결정
  ② 배합강도 결정
  ③ 시멘트강도 결정
  ④ 물시멘트비 결정
  ⑤ 슬럼프값 결정
  ⑥ 굵은 골재 최대치수 결정
  ⑦ 잔골재율 결정
  ⑧ 단위수량의 결정
  ⑨ 시방배합 산출 및 조정
  ⑩ 현장 배합의 결정

(2) 결정요소 사항
 1) 물시멘트비
  ① 정의 : 콘크리트 또는 모르타르 속에 포함된 물과 시멘트의 중량비
  ② 결정요소
   ㉠ 강도 : 물시멘트비가 낮을수록 강도는 증가함
   ㉡ 내구성
   ㉢ 수밀성
   ㉣ 균열저항성
  ③ 증가 시(가수) 피해   02① · 03① · 06③ · 14② · 16④
   ㉠ 콘크리트의 강도저하
   ㉡ 재료분리 현상 유발
   ㉢ 건조수축으로 인한 균열 발생
   ㉣ 내구성 및 수밀성의 저하
   ㉤ 응결 지연
   ㉥ 크리프 증대
 2) 슬럼프시험   00① · 산23③
  ① 기구 : 슬럼프콘, 수밀성 평판, 다짐막대, 계측기기
  ② 슬럼프시험 순서
   ㉠ 수밀평판을 수평으로 설치한다.
   ㉡ 슬럼프 콘을 중앙에 놓는다.
   ㉢ 콘크리트 체적의 1/3만큼 콘크리트를 채운다.
   ㉣ 다짐막대로 25회씩 다진다.
   ㉤ 위의 ㉢항과 ㉣항의 작업을 2회 되풀이하고 윗면을 고른다.
   ㉥ 위의 과정을 종료할 때까지의 시간은 3분 이내로 하며, 슬럼프 콘을 조용히 들어 올린다.
   ㉦ 시료의 높이를 0.5cm 단위로 측정하여 30cm에서 뺀 값이 슬럼프값이다.
 3) 슬럼프 플로(Flow)   09② · 15② · 21②
  ① 정의
   ㉠ 슬럼프시험을 하여 콘크리트 반죽이 옆으로 퍼진 정도를 지름으로 측정한 것
   ㉡ 유동화콘크리트의 시공연도를 측정할 때 사용한다.
(3) 계량 장비
 1) 콘크리트
  ① Mixing Plant : 비빔 설비
  ② 배쳐 플랜트(Batcher Plant) : 콘크리트 배합 시 사용되는 물, 시멘트, 골재 등을 자동 중량 계량하여 배합하는 콘크리트 배합 기계설비

2) 재료
  ① 디스펜서(Dispenser) : AE제의 부피 측정 📖 01② · 11② · 14① · 17②
  ② 워싱턴 미터(Washington Meter) : 공기량 측정 📖 11② · 14① · 17②
  ③ 이넌데이터(Inundater) : 모래의 부피 계량 📖 07③
  ④ 워세크리터(Wacecreter) : 물시멘트비를 일정하게 유지시키면서 골재를 계량하는 장치 📖 07③

2. 콘크리트의 성질
(1) 굳지 않은 콘크리트의 성질
 1) 용어
  ① 시공연도(Workability, 워커빌리티, 시공성) : 반죽질기에 따른 작업의 난이 정도 및 재료의 분리에 저항하는 정도 📖 99④ · 02③ · 06② · 21① · 산21①,②
  ② 반죽질기(Consistency, 컨시스턴시) 📖 99④ · 02③ · 06② · 09① · 21① · 산21①
    ㉠ 수량의 다소에 따른 반죽의 되고 진 정도(콘크리트 유동성의 정도)
    ㉡ 시멘트 페이스트(Cement Paste)의 농도를 결정한다.
  ③ 성형성(Plasticity) 📖 99④ · 02③ · 06② · 산21①
    ㉠ 거푸집 등의 형상에 순응하여 채우기 쉽고, 분리가 일어나지 않는 성질
    ㉡ 구조체에 타설된 콘크리트가 거푸집에 잘 채워질 수 있는지의 난이 정도를 나타낸다.
  ④ 마감성(Finishability) : 도로포장 등에서 골재의 최대치수에 따른 표면정리의 난이 정도를 나타낸다. 📖 99④ · 02③ · 06② · 산21①
  ⑤ 압송성(Pumpability) : 펌프시공 콘크리트의 경우 펌프에 콘크리트가 잘 밀려가는지의 정도를 표현한다.
  ⑥ 다짐성(Compactability) : 콘크리트 다짐 시 묽기 등의 영향에 따른 다짐의 효율성을 나타낸다. 📖 99④
  ⑦ 안정성(Stability) 📖 99④
  ⑧ 가동성(Mobility) 📖 99④
 2) 시공연도(Workability)
  ① 영향을 미치는 요인 📖 98④ · 99④ · 01①

재료	시공
① 단위시멘트량 ② 단위수량 ③ 잔골재율 ④ 혼화재료 ⑤ 굵은 골재 최대치수	① 운반거리 ② 운반높이 ③ 타설량 ④ 타설시간

② 시험항목 📖 17④ · 19① · 산21②
  ㉠ 슬럼프시험   ㉡ 플로 시험   ㉢ 비비 시험
  ㉣ 낙하 시험   ㉤ 구관입 시험
3) 재료분리
  ① 정의 : 콘크리트 배합 재료의 비중차에 의해 타설된 콘크리트 내 재료들이 고르게 배합되지 않고 분리되는 현상
  ② 블리딩 : 아직 굳지 않은 시멘트 풀, 모르타르 및 콘크리트에서 물이 윗면에 스며 오르는 일종의 물의 재료분리 현상 📖 99④ · 12④ · 14④ · 18④
  ③ 레이턴스 📖 07③ · 10② · 14④ · 20①
    ㉠ 콘크리트를 타설한 후 블리딩에 의한 물이 증발함에 따라 그 표면에 발생하는 백색의 미세한 물질
    ㉡ 부착력 감소(이어붓기 시, 마감 공사 시)
4) 균열
  ① 콘크리트 균열보수 및 보강법
    ㉠ 균열보수 공법 📖 01② · 02① · 03① · 06① · 10① · 16④ · 22④
      ⓐ 표면처리법
        • 0.2mm 이하의 정지된 균열에 적용
        • 폴리머시멘트나 Mortar로 도막을 형성하여 보수하는 방법
      ⓑ 주입공법 : 천공 후 주입 파이프를 적당한 간격으로 설치하여 낮은 점성의 에폭시 수지를 주입하는 공법
      ⓒ 충전공법 : U, V자 커팅 후 실링재, 에폭시, 폴리머시멘트, 모르타르 등을 충전
    ㉡ 균열보강 공법 📖 01② · 02① · 03① · 06① · 10① · 12① · 17① · 20③
      ⓐ 앵커접합공법 : 균열 부위에 강재앵커(꺾쇠모양)를 이용하여 보강하는 방법
      ⓑ 강판접착공법 : 균열 부위에 강판을 붙이고 기존 콘크리트와 볼트로 체결하는 방법
      ⓒ 탄소섬유판 부착공법 : 탄소섬유판을 에폭시 수지 등을 이용하여 균열면에 부착하여 보강하는 공법
      ⓓ 단면증가공법 : 구조체의 단면을 증가시켜 보강하는 공법
(2) 경화 콘크리트의 성질
1) 강도
  ① 비파괴시험 📖 98② · 01① · 02① · 04① · 15④ · 21①
    ㉠ 슈미트해머법(반발경도법) 📖 98④ · 99⑤ · 04③ · 10②
      ⓐ 슈미트해머를 사용하여 Concrete 표면의 타격 시 반발의 정도로 강도를 추정한다.

ⓑ 보정방법
- 타격 각도 보정
- 콘크리트 재령 보정
- 압축응력에 따른 보정
- 건조상태에 따른 보정

ⓒ 인발법
ⓐ Concrete에 묻힌 Bolt 중에서 강도를 측정한다.
ⓑ Pre-Anchor법, Post-Anchor법이 있고, P.S Concrete에 사용한다.

ⓒ 공진법 : 물체 간 고유 진동주기를 이용하여 동적 측정치로 강도를 측정한다.

ⓔ 초음파법(음속법) : 초음파의 통과 속도에 의해 강도를 측정한다.

ⓜ 복합법 : 반발경도법+음속법을 병행해서 강도를 추정하며 가장 믿을 만하고 뛰어난 방법이다.

② 크리프 : 하중의 증가없이 일정한 하중을 계속적으로 가하면 시간의 흐름에 따라 증가되는 콘크리트의 소성변형을 뜻하며 콘크리트 구조물의 처짐 증대, 균열 확대, Prestress의 감소를 유발한다. 📖 98③·09②·11①,②·15④·22①·23④

2) 콘크리트의 내구성 저하
① 중성화와 알칼리골재 반응
㉠ 중성화 : 탄산화라고도 하며, 공기 중의 탄산가스의 작용을 받아 콘크리트 중의 수산화칼슘이 서서히 탄산칼슘으로 되어 콘크리트의 알칼리성이 상실되는 현상 📖 00①,④·01①·03①·05③·07②·11①·산22③

$Ca(OH)_2 + CO_2 \rightarrow CaCO_3 + H_2O$

㉡ 알칼리골재반응(Alkali Aggregate Reaction) 📖 99④·00①·01②·04③·08③·10①·15④·17④·산22②
ⓐ 정의 : 시멘트 내의 알칼리 성분과 골재의 실리카 성분이 화학반응을 일으켜 콘크리트가 팽창하여 균열을 발생시키는 현상
ⓑ 대책 📖 00①·06②·10①,④·12②,④·13②·15④·19②·21④·산22②
- 저알칼리 시멘트(고로 시멘트, Fly Ash 등) 사용
- 비반응성 골재의 사용
- 알칼리골재 반응을 촉진하는 수분의 흡수 방지
- 염분 사용 금지

제5절 | 콘크리트 공사 - 시공

1. 시공
(1) 계량/비빔/운반
  ① 배쳐 플랜트(Batcher Plant) : 콘크리트 배합 시 사용되는 물, 시멘트, 골재 등을 자동 중량 계량하여 배합하는 콘크리트 배합 기계설비 📖 08③ · 17④
  ② 되비빔 : 콘크리트가 응결하기 시작한 것을 다시 비비는 것 📖 99② · 03③ · 09① · 10④

(2) 이어붓기 시간 📖 19④ · 23①
  ① 제한시간

온도	비빔에서 타설 완료	이어붓기 시
25℃ 이상	90분 이내	120분(2시간) 이내
25℃ 미만	120분 이내	150분(2.5시간) 이내

(3) 줄눈 : 줄눈의 종류 📖 06①
  ① 기능성 줄눈
    ㉠ 시공줄눈(Construction Joint) 📖 98③ · 07③ · 산21③ · 산23③
      ⓐ 정의 : 콘크리트를 한 번에 타설하지 못하고 이어붓기로 인해 발생하는 줄눈
      ⓑ 설치 위치
        • 구조물의 강도에 영향이 없는 곳
        • 전단력이 작은 곳
        • 압축력의 방향과 직각으로 구획
      ⓒ 무근콘크리트 이음새의 전단력 보강방법 📖 98③ · 02①
        • 촉 또는 홈(Key Joint)을 둔다.
        • 석재를 삽입하여 보강한다.
        • 강재 또는 철근으로 적절히 보강한다.
    ㉡ 신축줄눈 📖 98③ · 02① · 03② · 07③ · 18② · 산21③ · 23④
      ⓐ 정의 : Expansion Joint
        온도변화에 따른 팽창, 수축 혹은 부동침하, 진동 등에 의해 균열이 예상되는 곳에 설치하는 줄눈
      ⓑ 설치 위치
        • 하중 배분이 다른 곳
        • 기존 건축물의 증축 경계부위
        • 건축물 길이 50~60m마다

ⓒ 조절줄눈 : Control Joint　📖 98③ · 02① · 07③ · 11② · 15② · 17④ · 18② · 19① · 산21③ · 23②
　　　ⓐ 콘크리트 경화 시 수축에 의한 균열을 방지하고 슬래브에서 발생하는 수평 움직임을 조절하기 위하여 설치한다.
　　　ⓑ 벽과 슬래브가 외기에 접하는 부분 등 균열이 예상되는 위치에 약한 부분을 인위적으로 줄눈을 만들어 다른 부분의 균열을 억제하는 역할을 하는 줄눈
　　ⓓ 줄눈대 : Delay Joint　📖 02① · 16②
　　　ⓐ 콘크리트의 건조수축에 의한 균열을 감소시키기 위해 구조물의 일정 부위를 남겨놓고 콘크리트를 타설한 후 초기 건조수축이 완료되면 나머지 부분을 타설할 목적으로 설치하는 줄눈
　　　ⓑ 장 span의 구조물(100m가 넘는)에 Expansion Joint를 설치하지 않고, 건조수축을 감소시킬 목적으로 설치하는 Joint
　　ⓔ 슬라이딩 조인트(Sliding Joint)　📖 06① · 13④ · 18①
　　　보와 기둥 사이에 미끄러지는 곳에 설치하는 줄눈
② Cold Joint : 콘크리트 타설 작업 중 휴식시간 등으로 경화가 완료된 콘크리트에 새로운 콘크리트를 이어서 타설할 때, 일체가 되지 않아 생기는 줄눈
　📖 98③ · 99④ · 02① · 07①,③ · 10② · 12④ · 14① · 17④ · 18②,④ · 산21③ · 22④ · 산23③

(4) 다짐　📖 98③ · 01②,③ · 04①
① 종류　📖 06③ · 09①
　ⓐ 막대식 진동기 : 콘크리트에 꽂아서 사용하여 진동에 의하여 콘크리트를 액상화시켜 다짐효과가 크다.
　ⓑ 거푸집 진동기 : 거푸집을 진동시키는 것으로 얇은 벽이나 공상세삭 콘크리트에서 사용된다.
　ⓒ 표면 진동기 : 타설된 콘크리트 위를 다짐하는 용도로 사용한다.
② 진동기 사용 시 주의사항　📖 99①,⑤ · 05② · 06③ · 08②
　ⓐ 수직으로 사용한다.
　ⓑ 간격은 진동이 중복되지 않도록 50cm 이하로 한다.
　ⓒ 콘크리트에 구멍이 남지 않도록 서서히 뺀다.
　ⓓ 굳기 시작한 콘크리트에는 사용을 금지한다.
　ⓔ 철근에 직접 닿지 않도록 한다.

제6절 | 콘크리트 공사 - 종류

1. 종류

(1) 기후/환경에 따른 분류

1) 서중콘크리트   02③·05②·08③·21②·산21②·산23①
   ① 정의 : 일 평균기온이 25℃를 초과하는 경우, 또는 일 최고기온이 30℃를 초과하는 경우에 타설하는 콘크리트
   ② 특징 : 콘크리트는 비빈 후 즉시 타설하여야 하며, 지연형 감수제를 사용하는 등의 일반적인 대책을 강구한 경우라도 1.5시간 이내에 타설하여야 한다. 이때 콘크리트를 타설할 때의 콘크리트의 온도는 35℃ 이하이어야 한다.
       21②
   ③ 문제점/대책   04③·06①·08①·10④·12②

문제점	대책
① 단위수량의 증가로 인한 내수성·수밀성 저하 ② 슬럼프 저하 발생으로 충전성 불량, 표면마감 불량 발생 ③ 초기발열 증대에 따른 온도균열 발생 ④ 장기강도 저하 ⑤ 초기의 급격한 수분증발로 초기 건조수축균열 발생	① AE제 감수제의 사용 ② 사용재료의 온도 상승 방지 ③ 중용열 시멘트의 사용 ④ 운반·타설시간의 단축 방안 강구

2) 한중콘크리트   02③·05③·07②·08③·10④·11②·16②·산22②·23④·산23①,②,③
   ① 정의 : 일 평균기온이 4℃ 이하에서 시공되는 콘크리트
   ② 재료가열 및 대책   04②·08②·14①·19②
      ㉠ 물결합재비(물시멘트비, W/C)는 60% 이하로 유지
      ㉡ 재료가열

작업 중 기온	가열 재료
-3℃ ~ 0℃	물 또는 골재 보온
-3℃ 이하	물, 골재 가열

   ㉢ AE제 사용
   ㉣ 초기강도 5MPa 발현 시까지 보온 양생(단열보온, 가열보온, 피복보온)
   ㉤ 조강 포틀랜드 시멘트 사용
   ③ 한중콘크리트의 양생방법   04③·산22③·산23③
      ㉠ 피복양생 : 시트 등을 이용하여 콘크리트의 표면온도를 저하시키지 않는 양생
      ㉡ 가열양생 : 양생기간 중 어떤 열원을 이용하여 콘크리트를 가열하는 양생
      ㉢ 현장봉함양생 : 콘크리트 공시체를 봉투 등을 이용하여 대기와 차단하는 양생

ⓔ 단열양생 : 단열성이 높은 재료로 콘크리트 주위를 감싸 시멘트의 수화열을 이용하여 보온하는 양생
(2) 재료
 1) 경량콘크리트
   ① 정의
     ㉠ 기건 비중 2.0 이하, 단위 중량 $1.4 \sim 2.0 t/m^3$
     ㉡ 건축물을 경량화하고 열을 차단하는 데 유리하다.
   ② 종류
     ㉠ 보통 경량콘크리트 : 보통 포틀랜드 시멘트에 경량 골재를 쓴 것이다.
     ㉡ 기포 콘크리트 : 콘크리트 중에 무수한 기포를 함유하게 한 것으로 절연 재료로 적당하며, 열전도율이 보통 콘크리트의 1/10 정도로 건조수축이 대단히 크다.
     ㉢ 서모콘(Thermo-Con) : 자갈, 모래 등의 골재를 사용하지 않고 시멘트와 물 그리고 발포제를 배합하여 만든 일종의 경량콘크리트로서 물·시멘트비는 43% 이하로 한다. 📖 02① · 10① · 17①
 2) 유동화 콘크리트 📖 02③ · 05③ · 08③
   ① 정의 : 유동화제를 투입함으로써 종래의 반죽 정도의 단위수량으로 높은 슬럼프의 묽은 반죽 콘크리트를 만든 콘크리트
   ② 종류 📖 99① · 02③ · 07① · 11①
     ㉠ 공장 첨가 유동화 콘크리트 : 레미콘 공장에서 유동화제를 첨가시켜 비빔
     ㉡ 공장첨가, 현장 유동화 콘크리트 : 레미콘 공장에서 유동화제를 첨가하고, 현장에서 비빔
     ㉢ 현장 첨가 유동화 콘크리트 : 현장에서 유동화제를 첨가하여 비빔
 3) 섬유보강 콘크리트
   ① 정의 : 콘크리트의 휨강도, 전단강도, 인장강도, 균열저항성, 인성 등을 개선하기 위하여 단섬유상 재료를 균등히 분산시켜 제조한 콘크리트
   ② 섬유종류 📖 02③ · 03③ · 18②
     ㉠ 합성섬유
     ㉡ 강섬유
     ㉢ 유리섬유
     ㉣ 석면섬유
 4) ALC(Autoclaved Lightweight Concrete) 📖 20①,③ · 23①
   ① 제조방법 : 발포제(알루미늄분말)에 의해 콘크리트 내부에 많은 기포를 생성시켜 중량을 가볍게 한 기포콘크리트로 고온, 고압에서 양생함

② ALC 패널의 설치공법 📖 01② · 02① · 05③ · 11④
  ㉠ 수직철근 보강 공법
  ㉡ 슬라이드(Slide) 공법
  ㉢ 볼트조임 공법
  ㉣ 커버플레이트 공법

(3) 공법
 1) 레디믹스트 콘크리트 📖 07② · 산23①
  ① 정의 : 콘크리트 제조설비를 갖춘 공장에서 제조하며, 굳지 않은 상태로 운반되어 현장에서 타설되는 콘크리트
  ② 표시 : 굵은 골재 최대치수 − 호칭강도 − 슬럼프값 📖 08② · 15④ · 19④ · 22④ · 23① · 산23③
    예 25mm−21MPa−120mm
  ③ 종류 📖 08① · 09② · 16① · 산23②
    ㉠ 센트럴 믹스트 콘크리트(Central mixed concrete) : 믹싱 플랜트의 고정믹서에서 비빔이 완료된 콘크리트를 현장으로 운반한다.
    ㉡ 슈링크 믹스트 콘크리트(Shrink mixed concrete) : 믹싱 플랜트 고정믹서에서 어느 정도 비빈 콘크리트를 트럭믹서에 실어 운반 도중 완전히 비비는 콘크리트
    ㉢ 트랜싯 믹스트 콘크리트(Transit mixed concrete) : 트럭믹서에 모든 재료가 공급되어 운반 도중에 비벼지는 콘크리트
  ④ 시험 및 확인 사항 📖 98② · 01③ · 04②,③ · 10④ · 14② · 22① · 23①
    ㉠ 슬럼프 시험 : 슬럼프값 측정
    ㉡ 공기량 시험 : 공기량 4~5%, ±1.5%
    ㉢ 염화물 함유량
    ㉣ 제조시간
 2) 제치장(제물치장) 콘크리트(Exposed Concrete) : 콘크리트면에 미장 등을 하지 않고, 직접 노출시켜 마무리한 콘크리트 📖 00③ · 03① · 05① · 08② · 15④
 3) 매스(Mass) 콘크리트 📖 00③ · 02③ · 03① · 05①,③ · 08②,③ · 15④ · 21② · 산21② · 산22② · 산23①
  ① 정의 : 부대 단면의 치수가 80cm 이상이고, 콘크리트 내외부 온도차가 25℃ 이상으로 예상되는 콘크리트이다.
  ② 냉각대책(수화열 저감 대책/온도균열 방지대책) 📖 09④ · 12① · 13① · 14④ · 18② · 19① · 21② · 산22②
    ㉠ Pre−Cooling : 콘크리트 재료의 일부 또는 전부를 미리 냉각하여 콘크리트의 온도를 낮추는 방법(사용재료 : 얼음, 액체 질소) 📖 09④ · 19② · 23④
    ㉡ Pipe−Cooling : 콘크리트 타설 전 파이프를 설치하여 파이프 내에 찬 공기 또는 냉각수를 순환시켜 콘크리트의 온도를 낮추는 방법 📖 09④ · 19② · 23④

ⓒ 단위시멘트량 감소
ⓔ 중용열 시멘트 사용
ⓜ 응결지연제 사용

4) 진공(Vaccum) 콘크리트   📖 00③ · 02① · 10① · 17①
  ① 정의 : 콘크리트 타설 후 매트, 진공펌프 등을 이용하여 콘크리트 속에 있는 잉여수 및 기포 등을 제거하고 다짐하여 강도 및 내구성을 개선한 콘크리트

5) 압입 공법(압입 채움 공법)   📖 00③ · 02① · 10①
  PC 제품이나 내진보강벽 등 폐쇄공간의 콘크리트를 타설하기 위해 콘크리트 펌프 등의 압송기계에 연결된 배관을 구조체 하부의 거푸집에 설치된 압입부에 직접 연결해서 유동성 있는 콘크리트를 타설하는 공법

6) 숏크리트   📖 09① · 11④ · 14② · 19① · 23④
  ① 정의 : 압축공기를 이용해 모르타르를 분사하여 시공하는 것으로 뿜칠 콘크리트라고도 한다.
  ② 특징
    ㉠ 거푸집이 불필요하고 곡면 시공이 가능하다.
    ㉡ 얇은 벽 바름에 유리하다.
    ㉢ 외관이 거칠고 리바운딩이 되기 쉽다.
    ㉣ 균열이 발생한다.
    ㉤ 다공질
    ㉥ 건조수축 발생

7) 프리플레이스트(프리팩트) 콘크리트 : 거푸집 내에 미리 굵은 골재를 채워 넣고 그 공극 사이에 특수 모르타르를 압력으로 주입하는 콘크리트이다.   📖 02① · 06① · 10① · 17① · 산21② · 산22②

8) 고강도 콘크리트   📖 00③ · 03① · 05① · 08② · 15④ · 산22①
  ① 정의 : 콘크리트의 설계기준강도가 40MPa 이상, 경량콘크리트는 27MPa 이상인 콘크리트를 말한다.
  ② 고강도 콘크리트의 폭렬현상   📖 14① · 17④ · 18① · 19① · 21② · 23①
    ㉠ 정의 : 화재 시 고열로 인하여 콘크리트 내부에서 생성된 수증기의 압력이 증가하게 되고 이 압력이 콘크리트의 인장강도보다 크게 되면 폭음과 함께 콘크리트가 떨어져 나가는 현상
    ㉡ 방지대책
      ⓐ 내화 도료 또는 내화 모르타르 시공
      ⓑ 표층부 메탈라스 시공
      ⓒ 흡수율이 낮고 내화성이 있는 골재 사용
      ⓓ 방화 시스템(스프링클러) 설치

9) 프리스트레스트 콘크리트(Prestressed Concrete) 📖 06① · 09① · 산21② · 산22②
   ① 정의
      ㉠ 프리스트레스트 콘크리트 : 콘크리트의 인장응력이 생기는 부분에 미리 압축력을 주어 콘크리트의 인장강도를 증가시켜 휨저항을 크게 한 콘크리트
      ㉡ 프리스트레스 : 상시하중, 지진하중 등의 하중에 의한 응력을 상쇄하도록 미리 계획적으로 도입된 콘크리트의 응력
   ② 긴장재의 종류 📖 05① · 08③ · 10② · 16①
      ㉠ PC 강선(Pre-stressing Wire)
      ㉡ PC 강연선(Pre-stressing Wire Stand) : 강선을 꼬아 만든 선
      ㉢ PC 강봉(Pre-stressing Steel Bar)
      ㉣ 피아노선
   ③ 프리텐션(Pre-tension) 📖 00① · 05① · 09② · 12② · 17② · 18④
      ㉠ 정의 : 긴장재에 인장력을 먼저 작용시킨 후 콘크리트를 타설하고 경화 후 단부에서 인장력을 풀어주는 방식
        PC 강재 긴장 → 콘크리트 타설 → 콘크리트 경화 후 인장력 풀어줌
      ㉡ 시공순서 📖 98③ · 00⑤ · 04③ · 07③
        ⓐ 거푸집 설치
        ⓑ 강현재 설치
        ⓒ 긴장 후 정착
        ⓓ 콘크리트 타설
        ⓔ 양생
        ⓕ Stress 부여
   ④ 포스트 텐션(Post-tension) 📖 00① · 05① · 08② · 12② · 13④ · 17② · 18④
      ㉠ 정의 : 쉬스(덕트)를 설치하고 콘크리트를 타설하고 경화시킨 뒤 쉬스 구멍에 긴장재를 삽입하여 긴장시키고 단부에 정착시키는 방식
        쉬스 설치 → 콘크리트 타설 → PC 강재 삽입, 긴장, 고정 → 단부에 정착
      ㉡ 시공순서 📖 98③ · 00⑤ · 04③ · 05② · 07③ · 08③ · 14④
        ⓐ 거푸집 설치
        ⓑ Sheath관 설치 : PC 강재의 배치구멍을 만들기 위하여 콘크리트를 부어 넣기 전에 미리 배치된 튜브(관) 📖 13④
        ⓒ 콘크리트 타설
        ⓓ 양생

ⓔ 쉬스(Sheath)관 내 긴장재 삽입
ⓕ 긴장 후 정착
ⓖ 그라우팅 : 강현재와 콘크리트의 부착을 위해 쉬스 구멍에 시멘트 페이스트를 채워 넣는 작업으로 배합은 유동성, 팽창성 및 압축강도를 고려하여 W/C는 50% 이하로 한다. 📖 09②
ⓗ 양생 후 Stress 부여

2. 강관 충진 콘크리트(CFT; Concrete Filled Tube) 📖 12① · 16① · 17④ · 21④
(1) 정의
① 원형 또는 사각형인 강관의 기둥 내부에 고강도 콘크리트를 충전하여 만든 구조로, 충진강관 콘크리트라고도 한다.
② 강관을 기둥의 거푸집으로 하며, 강관 내부에 콘크리트를 채운 합성구조로서 좌굴방지·내진성 향상·기둥단면 축소·휨강성 증대 등의 효과가 있으므로, 초고층 건물의 기둥구조물에 유리하다.

(2) 특징 📖 12① · 16①
① 휨강성 증대
② 거푸집이 필요하지 않아 공사비가 감소함
③ 내진성/내화성 향상
④ 기둥 단면 축소
⑤ 고품질 콘크리트를 사용해야 함(단점)
⑥ 콘크리트 시공 확인 어려움(단점)

CHAPTER 06 철골/PC/커튼월 공사

> 제1절 | 철골공사

1. 일반사항

(1) 형강
 1) 종류 : H, I, L, ㄷ, Z, T
 2) 표시법 📖 11① · 19②
    형태 - 높이(H) × 폭(B) × t_w × t_f

(2) 접합철물
 1) 일반볼트 : 가조립용
 2) 고력볼트(고장력볼트)
    ① 종류 📖 02③ · 04③ · 10②
       ㉠ 볼트축 전단형(Torque Shear, T/S) 고력볼트
       ㉡ 너트축 전단형 고력볼트
       ㉢ 고장력 그립 볼트
       ㉣ 지압형 볼트
    ② T/S 고력볼트의 체결 순서 📖 12① · 19②
       ㉠ 핀테일에 내측 소켓을 끼우고 렌치를 살짝 걸어 너트에 외측 소켓이 맞춰지도록 함
       ㉡ 렌치의 스위치를 켜 외측 소켓이 회전하며 볼트를 체결
       ㉢ 핀테일이 절단되었을 때 외측 소켓이 너트로부터 분리되도록 렌치를 잡아당김
       ㉣ 팁 레버를 잡아당겨 내측 소켓에 들어있는 핀테일을 제거

2. 공장작업

(1) 순서 📖 02② · 04①
    공작도/원척도 작성 → 본뜨기(형판뜨기) → 변형 바로잡기 → 금매김(마크표시) → 절단 및 가공 → 구멍 뚫기 → 가조립 → 본조립 → 검사 → 녹막이칠(도장) → 운반(현장반입)

(2) 절단 📖 98④ · 99⑤ · 06① · 12② · 15② · 20⑤
    ① 전단 절단 : 시범머신, 플레이트 시어링기
    ② 가스 절단 : 화염으로 강재를 녹여 자르는 방법
    ③ 톱 절단 : 정교한 처리가 필요할 때 사용

(3) 녹막이칠
1) 방청도료/방법 📖 12④ · 16④ · 산21①
   ① 광명단(방청페인트)
   ② 징크로 메이트(Zinchro Mate)
   ③ 징크 더스트(Zinc Dust)
   ④ 아연도금
   ⑤ 시멘트 모르타르, 콘크리트 도포
   ⑥ 미네랄 스프릿(Mineral Spirit)
   ⑦ 전기 방식법
   ⑧ 아연 분말
   ⑨ 알루미늄 도료
2) 녹막이칠 금지부분 📖 98①,④ · 99① · 01③ · 03③ · 06③ · 14① · 18④ · 19④ · 22① · 산22①,②
   ① 고력볼트 접합부의 마찰면
   ② 콘크리트에 매입되는 부분
   ③ 조립에 의하여 맞닿는 면
   ④ 현장 용접하는 부분(용접부에서 100mm 이내)
   ⑤ 밀착 또는 회전시키기 위한 기계 깎기 마무리면
   ⑥ 폐쇄형 단면을 한 부재의 밀폐된 면
3) 녹막이칠 도장작업별 점검사항 📖 산23③
   ① 표면처리 : 표면조도(조색) 확인
   ② 하도 : 도막상태 확인
   ③ 중도/상도 : 미스트코트 작업 여부
   ④ 현장 마감 : 오염물 제거 여부

3. 현장작업

(1) 순서
 1) 순서 📖 98⑤ · 00⑤ · 07②,③ · 11① · 13② · 15① · 23②
    기초콘크리트 타설 → 앵커 볼트 설치(정착) → 기초 상부 고름질 → 철골 세우기 → 가조립 → 변형 바로잡기 → 본조립 → 현장 리벳치기 → 접합부 검사 → 도장
 2) 앵커볼트 매입(설치)공법 📖 99①,③ · 00③ · 02② · 10④ · 17② · 21② · 산23①
    ① 고정 매입공법
       ㉠ 앵커 볼트를 미리 완전히 고정한 후 콘크리트 타설
       ㉡ 대규모, 중요공사, 시공의 정밀도가 필요한 공사에 적용
    ② 가동 매입공법
       ㉠ 스티로폼, 깔때기 등을 콘크리트 타설 전에 설치한 후 시공
       ㉡ 경미한 공사에 적용

③ 나중 매입공법
　㉠ 구조물의 이동조립 가능
　㉡ 앵커 볼트 자리를 남겨두고 콘크리트 타설
　㉢ 위치 수정은 자유로우나 그라우팅(Grouting) 처리에 주의

3) 기초상부 고름질
① 정의 : 기초상부 고름질이란 베이스플레이트를 콘크리트 주각에 완전 수평으로 밀착시키기 위해 콘크리트 주각 상부 표면에 30~50mm 두께로 모르타르를 펴 바르는 것을 말한다.
② 무수축 모르타르　📖 05③ · 12② · 23①
　㉠ 베이스플레이트의 접착에 사용되는 충전재
　㉡ 두께 30mm 이상, 50mm 이내
　㉢ 크기 200mm 각형 또는 직경 200mm 이상
　㉣ 철골 설치 전 3일 이상 양생
③ 기초상부 고름질 공법　📖 99② · 00③,⑤ · 03③ · 05③ · 07③ · 11②
　㉠ 전면 바름 공법
　　ⓐ 기둥 저면의 주위에서 3cm 이상 넓게 지정된 높이로 수평되게 된 바름
　　ⓑ 1 : 2 모르타르로 펴 바르고 경화 후 세우기를 함
　㉡ 나중채워넣기 중심바름 공법
　　ⓐ 기둥 저면의 중심부만 지정 높이만큼 수평으로 된 바름
　　ⓑ 1:1 모르타르로 바르고 기둥을 세운 후 사방에서 모르타르를 다져 놓는 방법
　㉢ 나중채워넣기 십자바름 공법 : 기둥 저면에서 대각선방향 +자형으로 지정 높이만큼 수평으로 모르타르를 바르고 기둥을 세운 후 그 주위에 1 : 1 모르타르를 다져 넣는 방법
　㉣ 나중채워넣기 공법 : 베이스 플레이트 중앙에 구멍을 낼 수 있을 때 채용되는 방법으로 세우기에 있어 기초 위에 플레이트 네 모서리에 와셔 등 철판 괴임을 써서 높이 조절을 하고 기둥을 세운 후 1 : 1 모르타르를 베이스 플레이트의 중앙부 구멍에 다져 넣는 방법

(2) 세우기용 장비　📖 99① · 00④ · 18④
1) 가이데릭(Guy Derrick)
① Boom의 회전 360°
② 붐의 길이가 마스터(주축)보다 짧다.
2) 스티프레그데릭(Stiff Leg Derrick)
① Boom의 회전 270°
② 붐의 길이가 마스터의 길이보다 길다.

3) 트럭 크레인(Truck Crane)
    ① 트럭에 설치된 크레인
    ② 기동성이 좋다.
4) 진폴(Gin Pole)
    ① 소규모
    ② 가장 간단한 장비
5) 타워크레인(Tower Crane) : 타워 위에 크레인을 설치한 것으로 가장 광범위하게 사용된다.

(3) 내화공법 📖 98④ · 99④,⑤ · 00④ · 03② · 06① · 11① · 12① · 14② · 15④ · 16② · 17② · 21②
 1) 정의
    화재 발생 시 강재의 온도상승 및 강도저하를 방지하기 위하여 불연성 재료로 강재를 피복하는 방법
 2) 습식공법 📖 98⑤ · 05② · 08③ · 09② · 14① · 18② · 19② · 산21① · 21④ · 산22② · 22④ · 산22③ · 산23②
    화재 발생 시 내화성능을 높이기 위하여 강재 주위에 물과 함께 사용되는 재료로 피복하는 공법
    ① 타설공법
        ㉠ 콘크리트를 타설하여 일정 두께 이상을 확보하는 공법
        ㉡ Concrete, 경량 Concrete를 타설
    ② 조적공법
        ㉠ 벽돌, 블록 등을 쌓아 피복하는 공법
        ㉡ 벽돌, Concrete 블록, 경량 Concrete 블록, 돌
    ③ 미장공법
        ㉠ 모르타르를 발라 피복두께를 확보하는 공법
        ㉡ 철망 모르타르, 철망 펄라이트 모르타르
    ④ 뿜칠공법
        ㉠ 뿜칠로 피복두께를 확보하는 공법
        ㉡ 뿜칠 모르타르, 뿜칠 플라스터
 3) 건식공법 📖 산21②
    화재 발생 시 내화성능을 높이기 위하여 강재 주위에 물을 사용하지 않고 다른 재료로 피복하는 공법
    ① 성형판 붙임공법 : ALC판, 석고보드, 석면 시멘트판, PC, Concrete판
    ② 멤브레인 공법 : 암면
 4) 도장공법
    팽창성 내화도료

4. 접합 📖 01①

(1) 리벳접합
 1) 사용공구
  ① 뉴머틱 해머 : 현장 리벳치기용 공구 📖 98② · 00③ · 06②
  ② 리벳 홀더 : 리벳치기 공구의 일종으로 불에 달군 리벳을 판금의 구멍에 넣고 그 머리를 누르면서 받쳐주는 공구 📖 01②
 2) 용어 📖 98② · 00③ · 11① · 23①
  ① 피치(Pitch) : 게이지 라인상에서 인접하는 리벳/볼트의 중심 간 간격
  ② 연단거리 : 리벳/볼트 구멍에서 부재 끝단까지 거리
  ③ 게이지 라인(Gauge Line) : 응력방향으로 체결된 리벳/볼트의 중심을 연결하는 선
  ④ 게이지(Gauge) : 게이지 라인과 게이지 라인과의 거리(리벳/볼트 중심 사이를 연결하는 선 사이의 거리)
  ⑤ 클리어런스(Clearance) : 리벳과 수직재 면과의 거리
  ⑥ 그립(Grip) : 리벳으로 접하는 부재의 총두께(그립의 길이는 5d 이하)

(2) 고력볼트 접합
 1) 일반사항
  ① 고력볼트 접합 : 철골구조에서 마찰력으로 응력을 전달하는 접합방법
  ② 사용공구(고력볼트 조임기구)
     ㉠ 임팩트 렌치(Impact Wrench)
     ㉡ 토크 렌치(Torque Wrench)
  ③ 특징 📖 99①,④,⑤ · 03② · 07③ · 12② · 산21③ · 산22③
     ㉠ 접합부의 강성 증대
     ㉡ 불량 부분의 수정 용이
     ㉢ 공사 기간을 단축시켜 경제적인 시공이 가능
     ㉣ 소음이 적음
     ㉤ 강재량 증가
     ㉥ 현장 시공 설비가 간편함
  ④ 볼트종류 📖 02③ · 04③ · 10②
     ㉠ 볼트축 전단형(Torque Shear ; T/S) 고력볼트 : 볼트의 장력 관리를 손쉽게 하기 위해 개발된 Torque Control 볼트로, 본조임 시 전용 조임기를 사용하여 볼트의 핀테일이 파단될 때까지 조임 시공하는 볼트 📖 19① · 22②
     ㉡ 너트축 전단형 고력볼트 : 2겹의 특수너트를 이용한 것으로 일정한 조임 토크치에서 너트(Nut)가 절단되는 방식
     ㉢ 고장력 그립 볼트 : 일반 고장력볼트를 개량한 것으로 조임이 확실한 방식
     ㉣ 지압형 볼트 : 직경보다 약간 작은 볼트구멍에 끼워 너트를 강하게 조이는 방식

2) 부위별 명칭과 조립
   ① T/S 고력볼트의 부위별 명칭 📖 17②

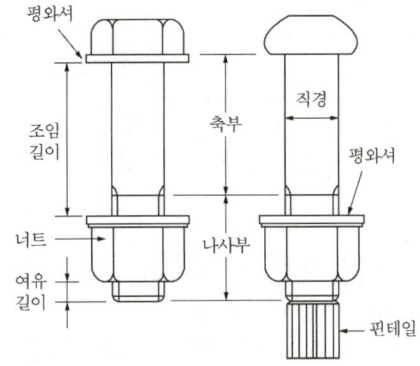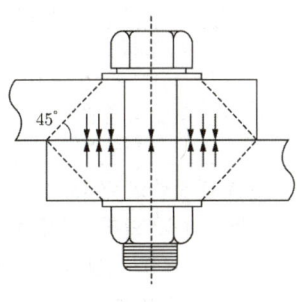

   ② 조립
      ㉠ 접합부 마찰면 처리 📖 16④
         ⓐ 기름, 오물 등은 청소하여 제거
         ⓑ 들뜬 녹은 와이어 브러시로 제거
         ⓒ 밀스케일 제거
         ⓓ 표면 거칠기 확보
         ⓔ 틈새 발생 : 필러 끼움
      ㉡ 볼트장력 📖 10④ · 13① · 23②
         ⓐ 표준볼트장력 : 현장시공의 기준값으로 설계볼트장력에 10%를 할증한 값
         ⓑ 설계볼트장력 : 설계 시 허용전단력을 구하기 위한 장력
         ⓒ 볼트장력 표시 : F10T에서 10은 인장강도가 10tonf/cm^2, 1kN/mm^2 또는 1,000MPa이라는 것을 의미함 📖 07③
3) 철골 보-기둥 접합부 📖 09① · 12② · 22①

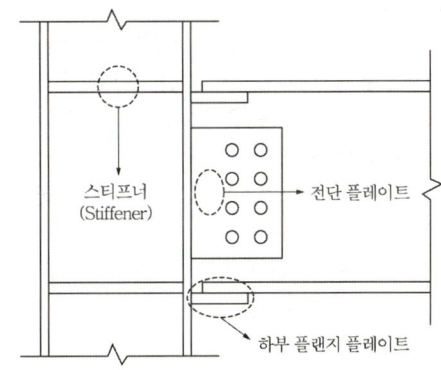

(3) 용접 접합
1) 일반사항
① 특징 📖 96① · 12② · 14① · 산21② · 산22①

장점	단점
① 강재량의 절약(경제적)	① 숙련공이 필요
② 접합부의 일체성과 수밀성 확보	② 용접내부 시공검사 곤란
③ 철골의 중량 감소	③ 용접열에 의한 결함, 변형 발생
④ 무소음/무진동	

② 용접접합의 종류 📖 산23②
  ㉠ 가스 압접 : 접합하는 두 부재에 2.5~3kg/mm²의 압력을 가하면서 1,200~1,300℃의 열을 가하여 접합하는 용접
  ㉡ 가스용접 : 가스 불꽃의 열을 이용하여 접합하는 것으로 구조용으로는 사용되지 않음
  ㉢ 전기저항 압접(Flush Butt) : 전류를 통한 금속을 강압하여 맞대면 전기 저항에 의해 접촉부가 용융상태로 되어 용접함
  ㉣ 아크(Arc)용접
    ⓐ 용접봉과 모재 사이에 전류를 통하면 이때 전류가 발생하는 열을 이용하여 용접봉을 녹여서 모재에 융합되는 접합방식
    ⓑ 공장에서는 직류를 사용하고, 현장에서는 주로 교류를 사용함
    ⓒ 전류의 종류에 따른 아크용접의 특징 📖 99③ · 01③ · 04①

직류 아크용접	교류 아크용접
① 작업 용이	① 비용 저렴
② 공장 용접	② 현장 용접
③ 전류 안정적	③ 고장이 적음

  ㉤ 일렉트로 슬래그 용접 : 용융슬래그 속에 용접봉을 연속으로 공급하며, 용접봉과 용융 금속 내부에 흐르는 전류에 의한 전기 저항발열로써 전극을 용접시키는 방법
  ㉥ 서브 머지드 아크 용접 : 용접부 표면에 미세한 입상의 플럭스를 공급하고 플럭스 내부에서 피복하지 않은 용접봉을 사용하는 용접
  ㉦ 피복아크 용접 : 피복재를 유착시킨 용접봉을 사용한 수동용접으로 가장 많이 사용되는 방법
  ㉧ 가스 실드 아크 용접 : 가스로서 아크를 보호하며 진행하는 용접
③ 용접봉
  ㉠ 피복재(Flux) : 용접봉을 감싸는 피복재로써 금속화물, 탄산염, 셀룰로오스, 탈산재 등으로 구성

ⓒ 피복재 역할 📖 99③·06①·12④
　　　ⓐ 용제역할로서 **접합부를 깨끗하게** 한다.
　　　ⓑ 접합 시 **산화물이 생기는 것을 방지**한다.
　　　ⓒ 조성제로 **접합이 잘 되게** 한다.
　　　ⓓ **슬래그를 제거**한다.
　　　ⓔ 냉각응고 속도를 낮춘다.
2) **그루브 용접(Butt Weld)** : 용접하는 두 부재 사이를 트이게 홈(groove)을 만들고 그 사이에 용착금속을 채워 두 부재를 결합하는 용접 접합방식
3) **필릿 용접(Fillet Weld)**
　① 도해

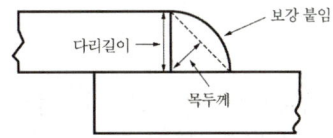

　② 시공
　　㉠ 부등변 필릿 용접이면 짧은 변 길이를 필릿사이즈로 한다.
　　㉡ 유효목두께는 필릿사이즈의 0.7배이다.
　　㉢ **유효용접길이는 실제 용접길이에서 필릿사이즈의 2배를 감한 것으로 한다.**
　　㉣ 유효단면적은 유효용접길이 및 유효목두께의 곱으로 한다.
4) **용접기호** 📖 98②·02①·04③·15④·18①·21②·**산23②**

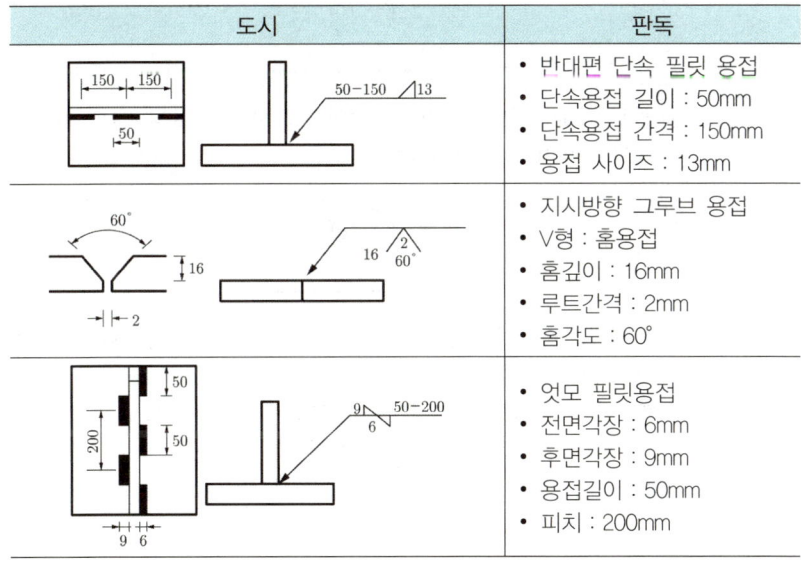

도시	판독
	• 반대편 단속 필릿 용접 • 단속용접 길이 : 50mm • 단속용접 간격 : 150mm • 용접 사이즈 : 13mm
	• 지시방향 그루브 용접 • V형 : 홈용접 • 홈깊이 : 16mm • 루트간격 : 2mm • 홈각도 : 60°
	• 엇모 필릿용접 • 전면각장 : 6mm • 후면각장 : 9mm • 용접길이 : 50mm • 피치 : 200mm

5) 용접결함과 검사
   ① 용접 시기별 검사항목   📖 11② · 13①,④ · 16④ · 22④

시기	검사항목
용접 전	트임새 모양, 모아 대기법, 구속법, 홈의 각도, 간격 치수, 청소 상태, 부재의 밀착
용접 중	전류, 용접봉, 운봉, 아크전압, 용접속도, 밑면 따내기
용접 후	외관판단, 비파괴검사, 절단검사, 균열, 언더컷 유무, 필렛의 크기 등이 있으나, 절단검사는 될 수 있는 대로 피한다.

   ■ 비파괴검사의 종류 : **방사선 투과검사, 초음파 탐상법, 자기분말 탐상법, 침투 탐상법** 📖 99④ · 03① · 06② · 08① · 11① · 14① · 17④ · 산21③ · 산22②

   ② 용접결함
      ㉠ 원인
         ⓐ 용접 시 전류의 높낮이가 고르기 못할 경우
         ⓑ 용접속도가 일정치 못하고, 기능이 미숙할 때
         ⓒ 용접부의 개선 정밀도, 청소상태가 나쁠 때
      ㉡ 종류   📖 98④,⑤ · 08② · 10② · 12④ · 13④ · 14④ · 15④ · 산21②,③ · 산22③
         ⓐ 크랙(Crack) : **과대전류**로 인해 용착금속과 모재에 생기는 균열로서 용접결함의 대표적인 결함

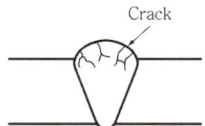

         ⓑ 블로홀(Blow Hole) : 용융금속이 응고할 때 방출되었어야 할 **가스가 남아서 생기는 용접부의 빈자리**   📖 05③ · 09① · 19① · 산21①

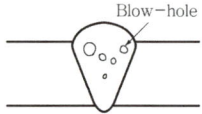

         ⓒ 슬래그(Slag) 감싸들기 : 용접봉의 피복재 용해물인 **회분이 용착금속 내에 혼합된 것**   📖 05③ · 09① · 15② · 19① · 산21① · 22②
            ■ 원인 : 용접 중에 발생하는 슬래그가 용접부 안으로 들어간 경우나 용접부의 청소상태가 불량한 경우
            ■ 대책 : 용접 중 혼입된 슬래그를 제거하고 용접하거나 용접부위의 청소를 확실히 한다.

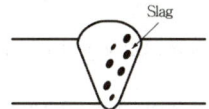

ⓓ 크레이터(Crater) : 용접 시 과대전류로 인해 Bead 끝에 항아리 모양 처럼 오목하게 파인 현상 📖 10② · 17①

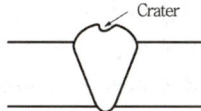

ⓔ 언더컷(Undercut) : 과대 전류 혹은 용입 불량으로 용접상부에 모재가 녹아 용착금속이 채워지지 않고 홈으로 남게 되는 현상 📖 05③ · 09① · 10② · 17① · 19① · 21② · 산21① · 산23③

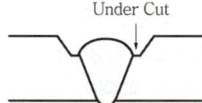

ⓕ 피트(Pit) : 작은 구멍이 용접부 표면에 생기는 현상

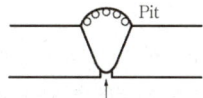

ⓖ 용입불량 : 용입 깊이가 불량하거나, 모재와의 융합이 불량한 것

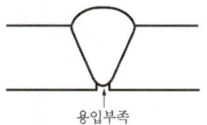

ⓗ 피시아이(Fish Eye) : Blow Hole 및 혼입된 Slag가 모여서 둥근 은색반점이 생기는 결함현상

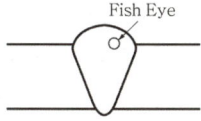

ⓘ 오버랩(Overlap) : 용접금속과 모재가 융합되지 않고 단순히 겹쳐지는 것 📖 05③ · 09① · 산21① · 21② · 산23③

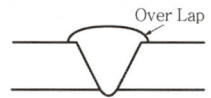

③ 철골공사의 용어
   ㉠ 기둥축소 변위(Columm Shortening, 컬럼 쇼트닝) 📖 10④ · 15① · 19② · 23②
      ⓐ 정의 : 철골조 건축의 축조 시 내부와 외부의 기둥구조가 다르거나 사용한 재료의 재질 및 응력의 차이로 인한 신축량이 발생한다.
      ⓑ 원인
         • 기둥의 축소변위 발생
         • 구조재의 변형에 따른 조립 불량
         • 창호재의 변형에 따른 조립 불량
         • 하중이 차이 나는 경우
   ㉡ 비드(Bead) : 용접 결과로 생기는 용착부
   ㉢ 플럭스(Flux) : 자동 용접 시 용접봉의 피복재 역할을 하는 분말상 재료
   ㉣ 스캘럽(Scallop) : 철골부재 용접 시 이음 및 접합부위의 용접선이 교차되어 재용접된 부위가 열영향을 받아 취약해지는 것을 방지하기 위하여 모재에 부채꼴 모양의 모따기를 한 것 📖 02①,② · 08③ · 11④ · 14① · 15④ · 16② · 19④ · 22②,④ · 23④ · 산23①
   ㉤ 엔드탭(End Tab) : 용접 결함이 생기기 쉬운 용접 비드의 시작 부분이나 끝부분에 설치하는 보조 강판 📖 02①,② · 08③ · 11④ · 15④ · 16② · 19④ · 21④ · 22②
   ㉥ 뒷댐재(Back Strip) : 한 면 그루브용접 시 용융금속의 녹아 떨어지는 것을 방지하기 위해 루트 하부에 받치는 금속판 📖 02①,② · 08③ · 11④ · 14① · 19① · 22④

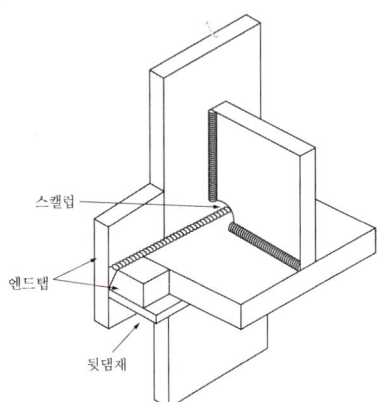

스캘럽
엔드탭
뒷댐재

   ㉦ 가우징(Gouging) : 양쪽 용접을 하는 경우 충분한 용입을 얻기 위하여 배면 용접 전에 용접 금속부분이 나타날 때까지 홈을 파는 것

ⓞ 메탈터치(Metal Touch) : 철골 기둥의 이음부를 가공하여 상하부 기둥 밀착을 좋게 하여 **축력의 50%까지 하부기둥의 밀착면에 직접 전달**하기 위한 이음 방법 📖 02① · 08③ · 12① · 15④ · 21②

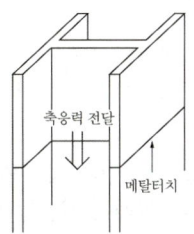

ⓧ 밀시트(Mill Sheet) 📖 19① · 산23①
  ⓐ 정의 : 철강제품의 품질보증을 위해 **공인시험기관에서 발급하는 제조업체의 품질보증서**
  ⓑ 밀시트(강재 시험성적서)의 내역 📖 19④ · 22②
    • **규격** : 길이, 두께, 크기 및 형상, 단위중량
    • **시험기준** : 시방서, KS
    • **화학 성분** : 철, 황, 규소, 납, 탄소 등의 구성비
    • **재료의 역학적 시험 내용** : 각종 강도 표시
ⓧ 전단연결재(Shear Connector) : 쉬어 커넥터라고도 하며 **철골보와 콘크리트 바닥판을 일체화시켜 전단력을 전달**하는 연결재 📖 16④ · 17① · 21① · 산22① · 23②
ⓚ 거싯 플레이트(Gusset Plate) : 철골구조의 접합부위에 사용하는 각 부재의 연결판 📖 16④ · 22①
ⓔ 데크 플레이트(Deck Plate) : 아연도 철판을 **절곡 제작하여 거푸집으로** 사용하여 콘크리트 타설 후 **사용철판을 바닥하부 마감재로 사용**하는 공법 📖 16④ · 21① · 산22③
ⓟ 허니콤보(Honeycom Beam) : 보의 웨브 주위를 육각형 단면 등으로 잘라 어긋난 재용접을 함으로써 보의 춤을 높인 형태이다.

5. 경량철골
(1) 경량철골 공사 📖 98④ · 99⑤ · 산23①
  1) 재료
    경량 형강은 1.6~4mm 두께로 여러 종류가 있으나 그중에서도 립(Lip)이 달린 **ㄷ자 형강(Lip Channel)이 많이 쓰인다**.

2) 장점
    ① 강재량에 비해 단면효율이 크다.
    ② 성형가공이 용이하다.
 3) 단점
    ① 국부좌굴 및 뒤틀림이 생기기 쉽다.
    ② 부식이 약하여 방청도료를 사용해야 한다.
(2) 강관 파이프 구조
 1) 절단면 단부의 밀폐방법 📖 01② · 04①,③ · 08① · 15②
    ① 관 끝을 압착하여 용접·밀폐시키는 방법
    ② 가열하여 구형으로 가공
    ③ 스피닝(Spinning)에 의한 방법
    ④ 원판, 반구형 판을 용접

제 2 절 | PC(Pre-Cast)공사

1. 조립식 공법 📖 00④ · 03③ · 07②

(1) 대형 패널
    창호 등이 설치된 건축물의 대형판을 아파트 등의 구조체에 이용하는 방법
(2) 박스식 공법
    건축물의 1실 또는 2실 등의 구조체를 박스형으로 지상에서 제작한 후 이를 인양 조립하는 공법
(3) 틸트 업(Tilt-Up) 공법 📖 09①
    프리캐스트 부재의 콘크리트 치기를 수평위치에서 부어 넣고 경사지게 세워 탈형하는 공법
(4) 리프트슬래브(Lift-Slab) 공법
    지상에서 여러 층의 슬래브를 제작한 후 이를 순차적으로 들어올려 구조체를 축조하는 공법
(5) 커튼월
    창문틀 등을 건축물의 벽판에 설치하는 구조체에 붙여 대어 이용하는 방법

제3절 | 커튼월 공사

1. 일반사항

(1) 분류   📖 02① · 05① · 09④ · 11① · 12② · 13② · 16①

구조방식	조립	외관	재료
① 패널 ② 샛기둥 ③ 커버	① Stick Wall ② Window Wall ③ Unit Wall	① Mullion Type ② Spandrel Type ③ Grid Type ④ Sheath Type	① 금속제 ② PC ③ ALC 패널 ④ GPC ⑤ 성형판

(2) 종류   📖 09④ · 11① · 12② · 13④ · 16① · 17① · 산23②

① Stick Wall
  ㉠ 구성부재를 현장에서 조립·연결하여 창틀이 구성되는 형식으로, Knock Down System이라고도 하며 Glazing은 현장에서 실시
  ㉡ 현장안전과 품질관리에 부담이 있지만, 현장 적응력이 우수하여 공기조절이 가능

② Window Wall
  ㉠ 창호 주변이 패널로 구성됨으로써 창호의 구조가 패널트러스에 연결됨
  ㉡ 패널트러스를 스틸트러스에 연결할 수 있으므로 재료의 사용효율이 높아 비교적 경제적인 시스템 구성이 가능함

③ Unit Wall
  ㉠ 건축모듈을 기준으로 하여 취급이 가능한 크기로 나누며 구성 부재 모두가 공장에서 조립된 프리패브형식으로 대부분 Glazing을 포함
  ㉡ 시공속도나 품질관리의 업체의존도가 높아 현장상황에 융통성을 발휘하기가 어려움

④ 샛기둥(Mullion Type) : 수직기둥을 노출시키고, 그 사이에 유리창이나 스팬드럴 패널을 끼우는 방식

⑤ 스팬드럴(Spandrel Type) : 수평선을 강조하는 창과 스팬드럴의 조합으로 제조하는 방식   📖 08② · 17②

⑥ 격자형(Grid Type) : 수직, 수평의 격자형 외관 표현방식

⑦ 피복형(Sheath Type) : 구조체를 외부에 노출시키지 않고 패널로 은폐시키며 새시는 패널 안에서 끼워지는 방식

2. 부착

(1) 패스너(Fastener)

① 정의 : 구조체와 Curtain Wall의 긴결 및 시공오차를 조절하기 위한 연결철물로서 긴결방식에 따라 세 가지로 구분된다.

② 긴결방식(접합방식) 📖 04①,② · 09① · 11① · 14④ · 23①

  ㉠ Sliding 방식(슬라이드 방식) : Curtain Wall 하부에 장치되는 Fastener는 고정하고 상부에 설치하는 Fastener는 Sliding 되도록 한 방식
  ㉡ Rocking 방식(회전 방식) : Curtain Wall의 상부와 하부의 중심부에 1점씩 Pin으로 지지하고 다른 지점은 Sliding 방식의 Fastener로 지지하는 방식
  ㉢ Fixed 방식(고정 방식) : Curtain Wall의 상하부 Fastener를 용접으로 고정하는 방식

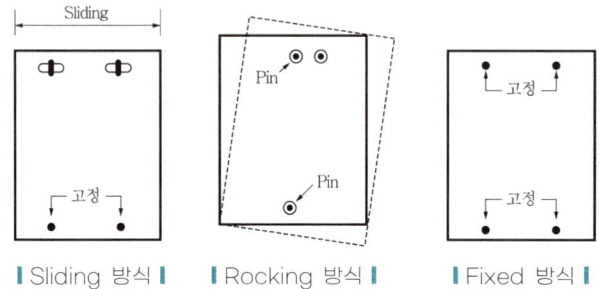

┃Sliding 방식┃ ┃Rocking 방식┃ ┃Fixed 방식┃

3. 커튼월의 시험

(1) 종류

① 풍동시험(Wind Tunnel Test) 📖 99②,④ · 02①
   건물준공 후 문제점을 사전에 파악하고 설계에 반영하기 위해 건물주변 600m 반경 내 실물 축척 모형을 만들어 10~50년간의 최대풍속을 가하여 실시하는 시험

② 실물대 모형시험(Mock Up Test) 📖 99②,④ · 02① · 11②
   풍동시험을 근거로 3개의 실물모형을 만들어 건축예정지의 최악조건으로 시험하며 재료품질, 구조계산치 등을 수정할 목적으로 행하는 실물대 모형시험

(2) 품질검사 📖 04① · 08① · 11② · 13④ · 16② · 18④ · 19① · 21① · 산21③

① 예비시험 : 본 시험에 앞서 설계풍압력의 50%를 일정시간(30초) 동안 가압한 후, 시험체의 이상 유무를 관찰하여 계속 시험이 가능한지를 판단하기 위해 예비시험을 실시

② 기밀시험 : 시속 40km, 7.8kgf/m^{2}에서의 공기누출량을 측정함

③ 정압수밀시험 : 설계풍압력의 20% 압력하에서 3.4L/min·m^{2}의 유량을 15분 동안 살수하여 시험체의 바깥으로 누수가 발생하지 않았는지 관찰함

④ **동압수밀시험** : 규정된 압력의 상한값까지 1분 동안 정압으로 예비 가압하여 시험체의 이상 유무를 확인하고, 시험체 전면에 4L/min·m^2의 유량을 균등히 살수하면서 정해진 압력에 따라 맥동압을 10분 동안 가한 상태에서 누수가 발생하지 않았는지 관찰함
⑤ **내풍압시험** : 설계풍압력의 100%를 단계별로 증감하여 구조재의 변위 및 시험체의 파손 유무를 확인함
⑥ **층간변위시험** : 실험체 각 부위의 변형 정도를 측정하고, 변형파괴 유무를 관찰함

■ ALC 패널 설치 공법 📖 01② · 02① · 05③ · 11④
  ① **수직철근보강 공법** : 패널 간의 접합부에 접합철물을 통해 수직보강 철근을 배근하고 모르타르를 충전함으로써 패널의 상·하부를 고정시키는 수직벽 패널 설치방법
  ② **슬라이드 공법** : 패널 간의 수직줄눈 공동부에 패널하부는 보강철근을 배근하고 모르타르를 충전하여 고정시키고, 상부는 접합철물을 설치하여 패널상단이 면내 수평방향으로 슬라이드되도록 하는 수직벽 패널 설치 방법
  ③ **볼트조임 공법** : 패널 장변방향의 양단에 구멍을 뚫고, 이를 관통하는 볼트로 설치하는 수직 또는 수평벽 패널의 설치방법
  ④ **커버플레이트 공법** : 패널의 양단부를 커버플레이트와 볼트를 이용하여 설치하는 수평벽 패널 설치방법
  ⑤ **타이플레이트 공법** : 패널의 측면을 타이플레이트로 구조체에 설치하는 수직 또는 수평벽 패널 설치방법

CHAPTER 07 조적공사

제1절 | 벽돌공사

1. 쌓기 순서

(1) 순서 📖 98⑤ · 02② · 03③ · 04② · 05② · 08①

벽돌면(접착면) 청소 → 물축이기 → 재료 건비빔 → 세로규준틀 설치 → 규준 쌓기 → 수평실 치기 → 중간부 쌓기 → 줄눈 누름 → 줄눈 파기 → 치장 줄눈 → 보양

(2) 세로규준틀 📖 98③ · 15①
① 설치위치 : 건물의 모서리, 벽의 끝부분
② 기입사항 : 개구부 치수, 쌓기 높이, 쌓기 단수(켜수), 앵커볼트의 위치, 테두리보/인방보의 위치 등 📖 98① · 15① · 16④

2. 쌓기법

(1) 형태법 📖 98③ · 01① · 04①
① 길이 쌓기 : 벽돌을 길게 나누어 놓아 길이면이 내보이도록 쌓는 것
② 마구리 쌓기 : 벽돌의 마구리면이 내보이도록 쌓는 것
③ 옆세워 쌓기 : 마구리면이 내보이도록 벽돌 벽면을 수직으로 세워 쌓는 것
④ 길이세워 쌓기 : 길이면이 내보이도록 벽돌 벽면을 수직으로 세워 쌓는 것

(2) 나라별 쌓기법 📖 99③ · 08③

 1) 영식 쌓기 📖 08② · 17①
① 한 켜는 길이쌓기, 다음 켜는 마구리쌓기를 반복하는 방식으로 통줄눈이 거의 생기지 않는다.
② 마구리켜의 벽끝에는 이오토막 또는 반절을 사용한다.
③ 벽돌쌓기 중 가장 튼튼한 쌓기법이다.

 2) 화란식 쌓기
① 영식 쌓기와 같은 방법이며 길이켜의 벽끝에는 칠오토막을 사용한다.
② 벽돌쌓기 중 가장 일반적인 쌓기법이다.

 3) 불식 쌓기
① 길이와 마구리면이 한 켜에서 번갈아 나오게 쌓는다.
② 통줄눈이 많이 생겨 덜 튼튼하지만 외관이 좋다.

(3) 벽돌 쌓기(시방서)
 1) 벽돌 쌓기 방법과 높이
   ① 벽돌 쌓기 : 줄눈은 10mm로 하고, 도면 또는 공사시방서에서 정한 바가 없을 때는 영식이나 화란식 쌓기법으로 시공한다.
   ② 벽돌 쌓기 높이 : 1.2m가 표준이며, 최대 쌓기 높이는 1.5m로 한다.
 2) 보강 📖 21② · 산21② · 산22②
   벽돌벽이 블록벽과 서로 직각으로 만날 때에는 연결철물을 만들어 블록 3단마다 보강철물로 보강을 한다.

3. 하자
(1) 백화현상 📖 08① · 10④ · 11② · 15④ · 19④ · 21④ · 산23①
   ① 정의
   모르타르 중의 석회성분이 벽체에 침투된 빗물에 용해되어 건물의 표면에 올라와 공기 중 CO_2 가스와 결합하여 탄산석회를 생성하여 조적 벽면에 백색 물질이 돋는 현상
   ㉠ $CaO + H_2O \rightarrow Ca(OH)_2$
   ㉡ $Ca(OH)_2 + CO_2 \rightarrow CaCO_3 + H_2O$
   ② 대책 📖 08① · 11② · 13④ · 15④ · 19④ · 21②,④ · 산23①,②
   ㉠ 줄눈을 밀실하게 사춤
   ㉡ 벽면에 파라핀 도료 등을 발라 방수 처리
   ㉢ 파라펫과 같은 비막이 설치
   ㉣ 흡수율 낮은 벽돌 사용

제 2 절 | 블록공사

1. 블록의 시공
(1) 벽 습기 침투원인 📖 98② · 15② · 18②
   ① 재료 자체의 방수성 불량
   ② 줄눈의 불완전 시공 및 균열
   ③ 물흘림, 빗물막이의 불완전 시공
   ④ 개구부, 창호재 접합부의 시공 불량
(2) 조적조 지상외벽 직접 방수공법 📖 03② · 05② · 08② · 14④ · 18④ · 22④
   ① 도막 방수(에폭시 수지)
   ② 시멘트 액체 방수
   ③ 수밀성 재료의 부착

2. 보강 블록조
(1) 세로근
   ① 사용 철근은 D10 이상으로 하며, 배근 간격은 40cm 또는 80cm로 한다.
   ② 벽끝, 벽모서리, 벽교차부, 개구부 주위에서는 세로근을 반드시 배근해야 하며 D13을 사용한다. 📖 03① · 06①
   ③ 세로철근은 원칙적으로 벽체에서 이음을 하지 않으며 테두리보(Wall Girder)에서 잇는다.
   ④ 세로철근의 정착길이는 철근지름의 40배 이상이어야 하며, 철근의 피복 두께는 20mm 이상이어야 한다. 📖 18② · 22①
(2) 와이어 메쉬(Wire Mesh)의 역할 📖 00⑤ · 03②
   ① 벽체의 균열 방지
   ② 횡력, 편심하중의 균등분산
   ③ 모서리, 교차부의 보강

3. 테두리보/인방보/평보
(1) 테두리보(Wall Girder)
   ① 정의
     조적조 벽체를 일체화하고, 하중을 균등히 분포시키기 위하여 벽체 중간, 마루바닥부분, 또는 상부에 일체식으로 만든 철근콘크리트보 또는 철골보
   ② 역할 📖 04③ · 06② · 산23③
     ㉠ 수직균열 방지
     ㉡ 벽체의 일체화를 통한 수직하중의 분산
     ㉢ 세로근의 정착 및 이음 부위 제공
(2) 평보 📖 산23①
   지붕틀 하부에 수평으로 설치되는 인장 부재

4. 용어
(1) 대린벽 📖 02① · 18④ · 21④
   ① 벽체의 길이를 규제하기 위해 설정한 것으로 한 벽에 직각되게 서로 마주 보는 벽
   ② 대린벽으로 구획된 내력벽의 길이는 10m 이하이어야 함
(2) 벽량(cm/m^2) 📖 02① · 10① · 12④ · 18④ · 21④
   ① 내력벽 길이의 합(cm)을 그 층의 바닥면적(m^2)으로 나눈 값
   ② 보통 15cm/m^2 이상
   ③ 내력벽으로 둘러싸인 바닥면적 80m^2 이하이어야 함

제 3 절 | 타일공사

1. 재료
(1) 종류 📖 00⑤ · 03③ · 08①
① 소지 : 도자기 및 타일의 재료가 되는 흙의 성분
② 소지별 타일의 종류 : 자기질, 석기질, 도기질, 토기질 타일
③ 용도별 타일의 종류 : 외장용, 내장용, 바닥용 타일   📖 산21① · 산23②
④ 외장에 사용하는 타일은 석기질 타일, 자기질 타일을 사용한다.
⑤ 내장에 사용하는 타일은 도기질 타일, 석기질 타일, 자기질 타일을 사용한다.
⑥ 바닥 타일은 유약을 바르지 않은 석기질 타일, 자기질 타일을 사용한다.

2. 시공 붙이기
(1) 순서 📖 10① · 14④
바탕처리 → 타일나누기 → 벽타일 붙이기 → 치장줄눈 → 보양
(2) 붙이기 공법 📖 99②,③ · 00③ · 08① · 10② · 16① · 산21② · 산23①
① 떠붙이기(적층) 공법 📖 00④ · 01① · 02③ · 06① · 07② · 10④ · 산21③ · 산22③
  ㉠ 타일 뒷면에 붙임용 모르타르를 바르고 벽면의 아래에서 위로 붙여 가는 종래의 일반적인 공법
  ㉡ 오래된 타일붙이기 방법으로 타일 뒷면에 붙임모르타르를 얹어 바탕 모르타르에 누르듯이 하여 1매씩 붙이는 방법
② 개량적층 공법 📖 00④ · 01① · 02③ · 06① · 07② · 10④ · 산21③ · 산22③ · 23④
  ㉠ 접착제를 벽체 바탕에 2~3mm 두께로 바른 후 타일을 붙이는 공법
  ㉡ 바탕면은 충분히 선조(여름 : 1주, 기타 · 2주 이상) 후 시공
③ 압착 공법 📖 00④ · 01① · 02③ · 06① · 07② · 10④ · 산21③ · 산22③ · 23④
  ㉠ 바탕면에 먼저 붙임 모르타르를 고르게 바르고 그곳에 타일을 눌러 붙이는 공법
  ㉡ 평평하게 만든 바탕 모르타르 위에 붙임 모르타르를 바르고, 그 위에 타일을 두드려 누르거나 비벼 넣으면서 붙이는 방법
④ 개량압착 공법 📖 00④ · 02③ · 06① · 15① · 산22③ · 23④
  ㉠ 바탕면에 붙임 모르타르를 바르고 타일 뒷면에 붙임 모르타르를 발라 두드려 누르거나 비벼 넣으며 붙이는 공법으로 압착공법을 한층 발전시킨 공법
  ㉡ 1회 붙임면적 : $1m^2$
⑤ 밀착(동시줄눈) 공법 📖 01① · 07②
  ㉠ 바탕면에 붙임 모르타르를 발라 타일을 눌러 붙인 다음 충격공구(손진동기)로 타일면에 충격을 가하는 공법
  ㉡ 줄눈수정 : 타일 붙인 후 15분 이내

CHAPTER 08 목공사

제1절 | 재료 및 목재의 특성

1. 목재의 특성
(1) 강도
   ① 크기 : 인장 > 휨 > 압축 > 전단
   ② 가력방향 : 섬유평행 > 섬유직각
   ③ 섬유포화점에 따른 강도 변화 09② · 16④ · 20②
      ㉠ 섬유포화점 이상 : **강도가 일정함**
      ㉡ 섬유포화점 이하 : **함수율이 낮을수록 강도는 증가함**
(2) 내구성
   ① 요인 : 물, 불, 햇빛, 균, 벌레
   ② 방부처리법 91② · 93② · 95① · 99② · 05① · 10① · 14② · 15① · 16④ · 18④ · 19④ · 21② · 산21② · 산23②
      ㉠ 표면 탄화법 : **목재표면을 태워** 수분을 제거하는 방법
      ㉡ 방부제 처리법 : **방부제를 칠하거나 뿌리는 방법** 18① · 21④
         ⓐ 방부제 도포법 : 방부제를 도포, 뿜칠 등으로 **바르거나 주입**하는 방법
         ⓑ 침지법 : 목재를 방부제 **용액 속에 담가** 균이 생기지 못하게 하는 방법
         ⓒ 주입법 : 압력용기 속에 목재를 넣어 **고압에서 방부제를 주입**하는 방법
      ㉢ 일광직사법 : 목재를 30시간 이상 햇빛에 쪼이는 방법
      ㉣ 수침법 : 물속에 목재를 담가 균이 기생하지 못하게 하는 방법
(3) 목공사에서 방충 및 방부 처리된 목재를 써야 하는 경우 21① · 23②
   ① 구조 내력상 주요부분인 토대, 외부기둥, 외부 벽 등에 사용하는 목재로서 **포수성의 재질에 접하는 부분**
   ② 급수 및 배수시설에 근접된 목부로서 **부식의 우려가 있는 부분**
   ③ 목조의 외부 버팀 기둥을 구성하는 부재의 모든 면
   ④ 직접 우수를 맞거나 습기가 차기 쉬운 부분의 모르타르 바름 등의 바탕에 해당하는 부분

제 2 절 | 제재와 가공

1. 제재
(1) 단면치수 📖 05② · 14②
   ① 제재치수 : 톱켜기에 의한 지정치수로 구조재, 수장재의 치수로 쓰인다.
   ② 마무리치수 : 대패질까지 끝난 마무리치수로 창호재, 가구재의 치수로 쓰인다.
   ③ 정치수 : 제재목을 지정치수대로 한 것

2. 가공
(1) 순서
   현치도 작성 → 재료반입/검사 → 먹매김 → 마름질 → 바심질 → 감추임면에 번호기입 → 접합
(2) 바심질
   ① 정의 : 자르기와 이음, 맞춤, 장부 등의 깎아내기를 하고, 구멍파기, 볼트 구멍 뚫기, 홈파기, 대패질을 하는 것
   ② 모접기 : 나무나 석재의 모나 면을 깎아 밀어서 두드러지게 또는 오목하게 하여 모양지게 하는 것 📖 99① · 11① · 16④

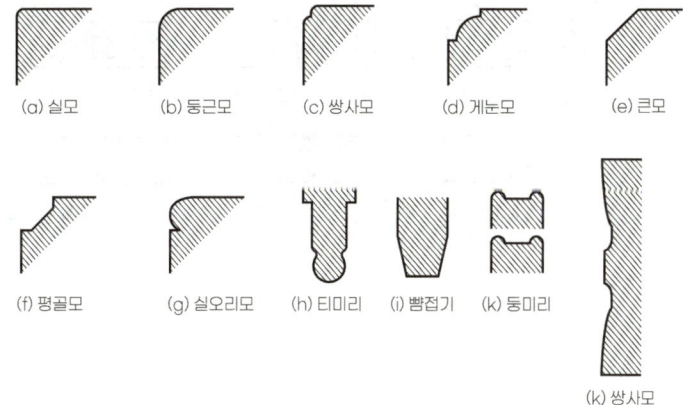

┃ 모접기의 종류 ┃

제 3 절 | 접합

1. 부재 가공
(1) 종류
  ① 이음 : 두 부재를 길이 방향으로 접합하는 것   📖 09④·12④·16④·21④·산22①
  ② 맞춤 : 두 부재를 서로 직각 또는 경사지게 접합하는 것   📖 99⑤·09④·
      12④·16④·21④·산22①
  ③ 쪽매 : 두 부재의 옆면을 섬유방향과 평행으로 옆으로 대어 접합하는 것
      📖 09④·12④·산22①
  ④ 연귀맞춤 : 모서리 구석 등에 표면 마구리가 보이지 않게 45° 각도로 빗잘라
      대는 맞춤   📖 99⑤·06①

(2) 이음 및 맞춤 시 주의사항
  ① 이음, 맞춤은 가능한 한 응력이 적은 곳에서 만든다.
  ② 재료는 될 수 있는 대로 적게 깎아내어 약해지지 않도록 한다.
  ③ 큰 응력을 받는 부분이나 약한 부분은 철물로써 보강한다.
  ④ 이음, 맞춤의 단면은 응력의 방향에 직각으로 한다.

(3) 쪽매   📖 90②·산21①,③

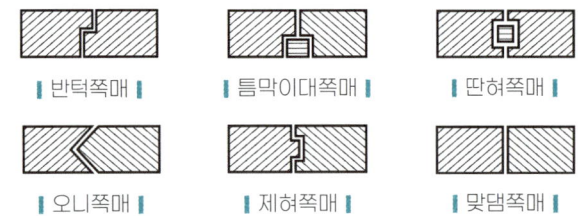

| 반턱쪽매 | 틈막이대쪽매 | 딴혀쪽매 |
| 오니쪽매 | 제혀쪽매 | 맞댐쪽매 |

제 4 절 | 목구조의 부재 및 수장

1. **횡력에 저항하는 부재** 📖 98② · 08② · 14① · 산23①
(1) 가새
① 수평력에 저항하는 부재로서 건물 전체의 변형을 방지하기 위하여 설치하는 부재
② 가새와 샛기둥이 만날 때는 샛기둥을 따내고 가새는 따내지 않는다.
(2) 버팀대
수평력에 저항하는 부재로 가새를 댈 수 없는 곳에 수직 모서리를 보강하는 부재
(3) 귀잡이
수평력에 저항하는 부재로 수평 모서리를 보강하는 부재

2. **수장**
(1) 1층 마루의 시공순서 📖 99⑤ · 21②
동바리돌 → 동바리 → 멍에 → 장선 → 밑창널 → 마루널
(2) 판벽
① 걸레받이 : 벽 하부의 바닥과 접하는 부분에 높이 20cm 정도로 설치한 것
② 징두리 판벽 : 바닥 하부에서 1~1.5m의 높이까지 널을 댄 벽 📖 18② · 21②
③ 고막이 : 외벽 하부지면에서 50cm 정도 설치한 것

CHAPTER 09 방수공사

제1절 | 일반사항 및 지하실 방수

1. 방수공사의 분류

(1) 공법별
① 멤브레인 방수 : 불투수성 피막을 형성하여 방수하는 공사로 아스팔트, 시트, 도막 방수 등이 있음 99① · 02③ · 03③ · 04③ · 산21③ · 산23①
② 침투성 방수 : 시멘트 액체방수, 침투성 방수
③ 수밀재 붙임 : 금속판, 타일, 테라조판, 대리석판 붙임법
④ 구조체 방수 : 수밀 콘크리트

2. 지하실 방수 98④ · 03③ · 06① · 09④ · 12② · 19④ · 21① · 산22①

구분	안 방수	바깥 방수
1. 바탕만들기	따로 만들 필요가 없다.	따로 만들어야 한다.
2. 사용환경	수압이 작은 지하에 적용	수압이 크고 깊은 지하실
3. 공사시기	자유롭다.	본공사에 선행되어야 한다.
4. 공사난이도	간단하다.	상당히 복잡하다.
5. 본공사 추진	방수공사에 관계없이 추진한다.	방수공사에 영향을 받는다.
6. 경제성	비교적 싸다.	비교적 고가이다.
7. 보호누름	필요하다.	없어도 무방하다.

(1) 바깥방수의 시공순서 99④ · 00⑤ · 02③ · 07① · 17①

잡석다짐 → 밑창(버림) 모르타르 → 바닥 방수층 시공 → 바닥콘크리트 → 외벽콘크리트 → 외벽방수 → 보호누름 벽돌쌓기 → 되메우기

제 2 절 | 침투성 방수와 멤브레인 방수

1. 침투성 방수(시멘트 액체방수)
(1) 정의
  콘크리트 등의 구조체에 방수액을 침투시켜 구조체 자체의 방수성능을 증진시키는 방수공법이다.
(2) 시공순서 산21①
  ① 제1공정 : 바탕면 정리 및 물청소 → 방수시멘트 페이스트 1차 → 방수액침투 → 방수시멘트 페이스트 2차 → 방수 모르타르
  ② 제2공정 : 제1공정 위에 덧붙여 같은 작업을 다시 반복 시공한다.

2. 아스팔트 방수의 재료
(1) 아스팔트
  ① 스트레이트 아스팔트 : 신축이 좋고 접착력도 우수하지만 연화점이 낮아 주로 지하실 등에 사용한다. 98②,④ · 01②
  ② 블로운아스팔트 98②,④ · 01② · 산22②
    ㉠ 비교적 연화점이 높고 온도에 예민하지 않으므로 지붕방수에 주로 사용한다.
    ㉡ 탄력성과 휘발성분은 적다.
  ③ 아스팔트컴파운드 98② · 01② · 09④ · 17④
    ㉠ 블로운 아스팔트에 동식물성 기름과 광물성 분말을 혼합하여 성질을 개량한 최우량품의 아스팔트로 고가이다.
    ㉡ 신축성, 유동성이 좋으며 내산, 내후, 내열, 점착성이 좋다.
(2) 아스팔트 프라이머 98② · 01②
  ① 아스팔트를 휘발성용제로 녹여 액체화시킨 교착제
  ② 방수시공 시 밑바탕에 도포하여 모재와 방수층의 부착을 좋게 한다.
(3) 아스팔트 주요성질
  ① 침입도 09① · 15①
    ㉠ 25℃에서 100g의 추가 5초 동안 바늘을 누를 때 0.1mm 들어가는 것을 침입도 1이라 한다.
    ㉡ 아스팔트의 품질판정에 가장 중요한 요소이다.

3. 아스팔트방수의 시공(8층, 3겹 방수)

(1) 8층 방수공사의 시공순서 📖 00②·02②·10①·15②

　① 제1층 : 아스팔트 프라이머　② 제2층 : 아스팔트
　③ 제3층 : 아스팔트 펠트　　　④ 제4층 : 아스팔트
　⑤ 제5층 : 아스팔트 루핑　　　⑥ 제6층 : 아스팔트
　⑦ 제7층 : 아스팔트 루핑　　　⑧ 제8층 : 아스팔트

(2) 옥상의 아스팔트 방수공사의 시공순서

　바탕처리 → Asphalt 방수층 시공 → 보호 누름 콘크리트 → 마감 모르타르 시공

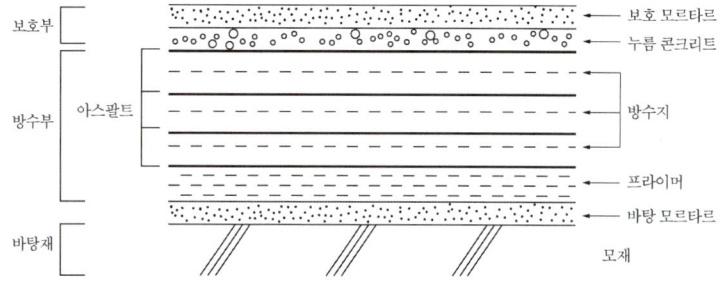

┃아스팔트 방수 시공┃

제 3 절 ┃ 시트 방수 및 도막 방수

1. 시트 방수 📖 00①·09④

(1) 정의 : 합성고분자 재료(합성고무, 합성수지 등)의 시트 1겹을 표면에 접착제로 붙여 방수막을 형성하는 방법

(2) 특성 📖 12①·19①,②·21④·산22③·산23②

장점	단점
① 공기단축 가능	① 온도에 따른 영향이 커서 균열, 박리의 우려가 있음
② 내약품성 우수	② 내구성 있는 보호층이 필요함
③ 방수층의 두께가 균일함	③ 보호층 형상시공이 어려움

(3) 시공 📖 98⑤·99③·00④,⑤·05①·08③·11②·13②·15①·17②

　바탕처리 → 단열재 깔기 → 프라이머 칠 → 접착제 칠 → 시트 붙이기 → 보강 붙이기 → 조인트 seal → 물 채우기 시험

2. 도막 방수 📖 00①·09④

(1) 정의 : 도료 상태의 방수제를 표면에 여러 번 칠하여 방수막을 형성하는 방법

(2) 공법
　① 코팅공법 : 도막 방수재를 단순히 도포만 하는 방법
　② 라이닝(Lining) 공법 : 방수를 도막재와 병용하여 방수층을 보강하는 재료로써 일반적으로 유리섬유, 합성섬유 등의 망상포를 적층하여 도포하는 방법 📖 03③

제 4 절 | 멤브레인 방수의 영문 표시 기호 및 실(Seal)재 방수

1. 멤브레인 방수의 영문 표시 기호 : 재료, 바탕 고정상태, 단열재 유무, 적용부위

05① · 09④ · 10① · 16②

구분	아스팔트 방수	시멘트 액체방수
아스팔트 방수(A)	Pr : 보호층 필요(보행용) Mi : 모래 붙은 루핑 Al : ALC패널 방수층 Th : 단열재 삽입 In : 실내용	F : 전면부착 S : 부분부착 T : 바탕과의 사이에 단열재 M : 바탕과 기계적으로 고정시키는 방수층 U : 지하에 적용하는 방수층 W : 외벽에 적용하는 방수층
시트 방수(S)	Ru : 합성 고무계 Pl : 합성 수지계	
개량형 아스팔트 방수(M)	Pr : 보호층 필요 Mi : 모래 붙은 루핑	
도막 방수(L)	Ur : 우레탄 Ac : 아크릴 고무 Gu : 고무아스팔트	
A : Asphalt S : Sheet M : Modified Asphalt L : Liquid	Pr : Protected Al : Alc Th : Thermal Insulated Mi : Mineral Surfaced In : Indoor Ru : Rubber Pl : Plastic Ur : Urethane Rubber Ac : Acrylic Rubber Gu : Gum	F : Fully Bonded S : Spot Bonded T : Thermal Insulated M : Mechanical Fastened U : Underground W : Wall

CHAPTER 10 창호 및 유리공사

제1절 | 창호공사

1. 창호 표시기호 📖 13① · 22①

재료	종류
Al : 알루미늄 G : 유리 P : 플라스틱 S : 강철 SS : 스테인리스 W : 목재	D : 문 W : 창 S : 셔터

2. 알루미늄 창호

(1) 특성

① 장점 📖 14① · 17④ · 산21①

㉠ 비중이 철의 $\frac{1}{3}$로 가볍다.

㉡ 공작이 자유롭고 기밀성이 있다.

㉢ 여닫음이 경쾌하다.

㉣ 녹슬지 않고 수명이 길다.

(2) 시공 시 주의사항 📖 98②

① 알칼리에 약하므로 내알칼리성 도장이 필요하다.

② 풍압에 견디기 위해서 단면을 크게 하거나 멀리온 등으로 보강한다.

③ 알루미늄 새시는 강도상 무리가 있으므로 나중세우기를 한다.

제2절 | 유리공사

1. 유리 종류와 특징

(1) 안전유리 📖 98① · 00③ · 02②

① 접합유리 📖 02② · 15② · 19① · 산22① · 23④

㉠ 2장 이상의 판유리 사이에 합성수지(필름)를 넣은 것으로서 일명 합판 유리라 함

㉡ 투광성이 낮고, 차음성·보온성은 크다.

② 강화유리 📖 17④ · 산22①
　㉠ 판유리를 열처리한 후 냉각 공기로 급랭 강화시켜 판유리의 3~5배 정도 강도를 높인 유리
　㉡ 파괴 시 잘게 부서진다.
　㉢ 절단, 가공할 수 없다.
③ 망입유리
　㉠ 유리 내부에 금속망을 삽입하고 압착 성형한 판유리
　㉡ 특징
　　ⓐ 0.4mm 이상으로 잘 깨어지지 않는다.
　　ⓑ 도난방지, 화재방지
　　ⓒ 절단, 가공할 수 없다.
■ 현장절단이 불가능한 유리 : 강화유리, 망입유리, 복층유리 📖 01① · 18④ · 산22①

(2) 특수유리
① 복층유리 📖 02② · 13① · 17②,④ · 22②
　㉠ 건조공기층을 사이에 두고 판유리를 이중으로 접합하여 테두리를 둘러서 밀봉한 유리
　㉡ 방서, 단열효과, 결로 방지
　㉢ 절단, 가공할 수 없다.
② 로이유리(Low-Emissivity) 📖 15② · 19① · 22④ · 23④
　㉠ 금속이나 금속산화물이 얇게 코팅된 유리로서 가시광선의 투과율이 높고 열의 이동이 최소화됨
　㉡ 고단열 복층유리(에너지 절약형) 또는 저방사 유리하고도 함
　㉢ 단열과 결로 방지
　㉣ 다양한 색상
③ 배강도유리 : 일반 판유리의 강도보다 2배 정도 크게 만든 유리로 고층건물에 적용함 📖 13① · 17② · 22②
④ 광학유리 📖 산23③
　㉠ 크라운 유리
　㉡ 플린트 유리

CHAPTER 11 마감공사

제1절 | 미장공사

1. 경화성에 따른 미장재료의 구분   📖 99③ · 00① · 05① · 12② · 13④ · 산21③ · 23②

(1) 기경성
　① 진흙 : 진흙+모래+짚여물+물
　② 석회질
　　㉠ 회반죽 : 소석회+모래+여물+해초풀
　　㉡ 회사벽 : 석회죽+모래
　　㉢ 돌로마이트 플라스터 : 돌로마이트 석회+모래+여물

(2) 수경성
　① 시멘트 모르타르 : 포틀랜드 시멘트+모래
　② 석고질
　　㉠ 순석고 플라스터 : 순석고+모래+물
　　㉡ 배합석고 플라스터 : 배합석고+모래+물
　　㉢ 경석고 플라스터(Keen's cement) : 무수석고+모래+여물+물

2. 시멘트 모르타르

(1) 순서   📖 92① · 93① · 산21① · 산22① · 산23③
　바탕처리 → 재료조정 → 바름바탕(라스 붙임) → 물 축임 후 초벌바름 → 존치기간 → 보수(덧먹임, 고름질) → 재벌바름 → 정벌바름 → 보양/정리

(2) 준비
　① 바탕처리 : 과도한 요철의 바탕을 고르게 깎아내고 초벌바름이 건조한 것은 물축임을 하는 일련의 과정   📖 06③ · 08① · 12②
　② 손질바름 : 콘크리트 또는 콘크리트 블록 바탕에서 초벌바름 전에 마감두께를 균등하게 하기 위해 모르타르 등으로 미리 요철을 조정하는 것   📖 14②
　③ 실러바름 : 바름재와 바탕과의 접착력 증진 등을 위하여 합성수지 에멀션 플라스터 등을 바탕에 바르는 것   📖 14②
　④ 덧먹임 : 바르기의 접합부 또는 균열의 틈새, 구멍 등에 반죽된 재료를 넣어 때우는 것   📖 06③ · 08① · 12②
　⑤ 눈먹임 : 목부 바탕재의 도관 등을 메우는 작업, 인조석 갈기 또는 테라조 현장갈기의 갈아내기 공정에 있어서 작업면의 종석이 빠져나간 구멍 부분 및 기포를 메우기 위해 그 배합에서 종석을 제외하고 반죽한 것을 작업면에 발라 밀어 넣어 채우는 것   📖 산21②

3. 바닥강화재(Hardener) 바름

(1) 시공 📖 00④ · 01③ · 22②
① 금강사, 광물성 골재, 규사, 철분 등을 혼합 사용한다.
② 콘크리트 바닥판의 내마모성, 내화학성, 분진방지성 등의 기능 향상을 목적으로 한다.

(2) 유의사항 📖 11①
① 바닥강화 시공 시 기온이 5℃ 이하면 작업 중지
② 바닥 오염제거 및 비나 눈의 피해가 없도록 보양 조치가 필요함
③ 바탕면 평활

4. 도료의 종류별 구분 📖 산23①

(1) 수성도료
합성수지 에멀션 퍼티, 합성수지 에멀션 도료

(2) 유성도료
아크릴 도료, 조합도료

(3) 방청도료
광명단 조합도료, 아연 분말 프라이머

제 2 절 | 도장공사

1. 도료의 종류 및 특성

(1) 일반 페인트 📖 98③

구분	재료	특성
유성 페인트	안료+건성유+ 건조제+희석제	① 내후성·내마모성이 좋고 건조가 느리다. ② 알칼리에 약하다. ③ 건물의 내·외부에 널리 쓰인다.
에나멜 페인트	안료+유성 바니쉬 (+수지 에나멜)	① 유성 페인트와 유성 바니쉬의 중간 성능이다. ② 내후성·내수성·내열성, 내약품성이 우수하다. ③ 외부용은 경도가 크다.
수성 페인트	물+접착제+ 카세인+안료	① 건물내부에 많이 사용되나 물이 닿는 곳은 사용 금지이다. ② 내구성과 내수성이 떨어지며, 무광택이다. ③ 취급 간편, 작업성이 좋고 내알칼리성이다.
에멀전 페인트	수성 페인트 +합성수지+유화제	① 수성 페인트의 일종으로, 발수성이 있다. ② 내·외부 도장에 이용한다.

(2) 방청도료 09② · 12④ · 16④ · 산23①
    ① 광명단
        ㉠ 주로 철재에 사용되는 붉은색의 도장재료이다.
        ㉡ 알칼리성이며 단단하고 피막을 형성하여 수분을 막는다.
    ② 징크로메이트
        ㉠ 알키드 수지와 크롬산아연의 합성물질이다.
        ㉡ 알루미늄판의 초벌용으로 많이 사용된다.
    ③ 방청산화철 도료 : 내수성이 우수하다.
    ④ 그래파이트 도료 : 주로 정벌에서 많이 사용되나 녹막이 효과가 있어서 초벌 시에도 쓸 수 있다.
    ⑤ 역청질 도료 : 일시적인 방청효과가 있다.
    ⑥ 아연 분말 프라이머

2. 도장작업
(1) 도장작업 순서
    ① 목부 유성페인트 : 바탕만들기 → 연마 → 초벌칠 → 퍼티 먹임 → 연마 → 재벌칠 1회 → 연마 → 재벌칠 2회 → 연말 → 정벌칠 98⑤
    ② 바니쉬 : 바탕처리 → 눈먹임 → 색올림 → 왁스 문지름 99③ · 06③ · 16② · 23④
    ③ 수성페인트 : 바탕처리 → 초벌 → 재벌 → 정벌

제 3 절 | 합성수지 공사

1. 열가소성 수지/열경화성 수지 00② · 02① · 18①
(1) 열가소성 수지
    ① 특징
        ㉠ 일반적으로 무색 투명이다.
        ㉡ 열에 의해 연화하고 냉각하면 원래의 모양대로 굳는다.
        ㉢ 열전도율은 작으나 열팽창계수는 크다.
    ② 종류
        ㉠ 염화비닐 수지 : PVC 파이프나 바닥용 타일에 사용
        ㉡ 초산비닐 수지
        ㉢ 아크릴 수지 : 광고판이나 조명기구에 사용
        ㉣ 폴리스틸렌 수지 : 보온재, 스티로폼에 사용
        ㉤ 폴리에틸렌 수지 : 포장필름, 방수필름 등에 사용
        ㉥ 폴리아미드 수지

(2) 열경화성수지
　① 특성
　　㉠ 용제에 녹지 않고 열을 가해도 연화하지 않는다.
　　㉡ 재성형이 불가능하고 건축재에 많이 이용된다.
　　㉢ 열전도율은 작으나 열팽창계수는 크다.
　② 종류
　　㉠ 페놀 수지 : 목재의 접착제로 사용
　　㉡ 요소 수지 : 장난감, 완구 등에 사용
　　㉢ 멜라민 수지 : 화장판으로 사용
　　㉣ 폴리에스테르 수지 : 유리섬유 등에 사용
　　㉤ 에폭시 수지 : 석공사의 진행 중 석재가 깨진 경우 석재를 붙이는데 사용되는 접착제　📖 18② · 23①
　　㉥ 실리콘 수지 : 개스킷, 방수제로 사용
　　㉦ 우레탄 수지 : 방수제로 사용

제4절 | 기타공사

1. 금속공사

(1) 기성재
　① 코너비드　📖 05③ · 10① · 19④ · 20①
　　㉠ 벽, 기둥 등의 모서리는 손상되기 쉬우므로 별도의 마감재를 감아대거나 미장면의 모서리를 보호하면서 벽, 기둥을 마무리하는 보호용 재료
　　㉡ 모르타르(콘크리트, 조적)나 못, 스테이플(목조) 등으로 고정한다.

(2) 수장용 철물
　① 와이어메쉬　📖 12④ · 15①
　　㉠ 연강 철선을 직교시켜 전기 용접한 것이다.
　　㉡ Concrete 바닥판, Concrete 포장 등에 쓰인다.
　② 와이어라스　📖 12④ · 15①
　　㉠ 아연도금한 굵은 철선을 꼬아 만든 철망이다.
　　㉡ 벽, 천장의 미장공사에 쓰인다.
　③ 펀칭메탈　📖 08② · 12④ · 15① · 18①
　　㉠ 얇은 철판에 각종 모양을 도려낸 것이다.
　　㉡ 라지에이터 커버 등의 장식재로 쓰인다.
　④ 메탈라스　📖 08② · 12④ · 15① · 18①
　　㉠ 얇은 철판에 자름금을 내어 당겨 늘린 것
　　㉡ 벽, 천장, 처마둘레 등 미장 바탕에 사용한다.

(3) 고정용 철물
  ① 인서트
    ㉠ 반자틀에 연결된 달대를 매어 달기 위한 부재이다.
    ㉡ Slab에 미리 간격을 정확히 배치하여 Concrete 타설하며 이때 이동, 변형이 없도록 주의한다.
    ㉢ 고정용 인서트의 간격은 공사시방서에서 정하는 바가 없을 경우 경량천정은 **세로 1m, 가로 2m**로 한다. 📖 21②
  ② **드라이브 핀(Drive Pin)** : **드라이비트 건이라는 일종의 못 박기 총을 사용하여 콘크리트나 강재 등에 박는 특수 못**이다. 머리가 달린 것을 H형, 나사로 된 것을 T형이라고 한다. 📖 11④ · 18① · 20② · 23①

2. 단열공사

(1) 성능 향상을 위한 고려사항
  ① 재료선택 시 단열재의 요구성능 📖 07② · 산21②
    ㉠ 열전도율이 낮을 것
    ㉡ 투습성이 적고, 내화성이 있을 것
    ㉢ 비중이 작고, 상온에서 가공성이 좋을 것
    ㉣ 내부식성이 좋을 것
    ㉤ 균질한 품질, 가격이 저렴할 것
  ② 시공 방법 📖 산23③
    ㉠ 건물의 수직, 수평의 기준선을 정한 후 단열재의 긴 변을 지면과 수평으로 유지
    ㉡ 아래에서부터 위의 방향으로 설치
    ㉢ 수직 통줄눈이 생기지 않도록 엇갈리게 교차하여 단열재를 설치함

(2) 단열공법의 종류 📖 02③ · 06③ · 09③ · 16② · 산21①
  ① **외단열** : 시공이 어렵고 복잡하나, 단열효과 우수
  ② **내단열** : 구조체 내부에 설치, 시공은 간단하나 내부 결로 우려
  ③ **중공벽 단열** : 조적공사에서 주로 채택, 단열효과는 우수하나 공사비, 공기 증대

3. 바닥깔기

(1) Access Floor 📖 00③ · 09① · 19④
  ① 정의 : **전기/통신설비 등을 설치하기 위해** 플로어 패널을 받침대로 지지시켜 구성하는 **2층 뜬 바닥구조**
  ② 특징
    ㉠ 공조, 배관, 전기 설비 등의 설치, 유지관리 및 보수의 편리성 확보
    ㉡ 바닥 먼지를 바닥판으로 배출하여 실내청정도를 유지한다.

공정관리

CHAPTER 01 총론

제1절 | 공정표의 종류

1. **사선식 공정표(S-Curve, 바나나곡선)** 📖 10① · 13①
   작업의 관련성을 나타낼 수는 없으나, 공사의 기성고를 표시하는 데 편리한 공정표로 세로에 공사량, 총 인부 등을 표시하고, 가로에 월, 일수 등을 취하여 일정한 사선절선을 가지고 공사의 진척 상황(기성고)을 수량적으로 나타낸다.

   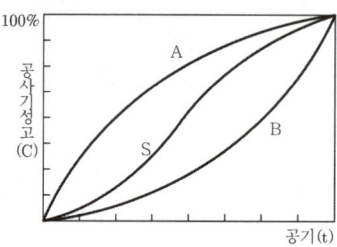

2. **횡선식 공정표(Bar Chart)** 📖 01③
   세로축에 공사 종목별 각 공사명을 배열하고 가로축에 날짜를 표기한 다음 공사별 소요시간을 횡선의 길이로서 나타내는 공정표이다. 바차트(Bar Chart) 또는 간트차트(Gantt Chart)라고도 한다.

3. **네트워크 공정표**
   네트워크 공정표는 작업의 상호관계를 O(결합점 : Event)과 →(작업 : Activity)로 표시한 망상도로, 각 결합점이나 작업에 명칭, 작업량, 소요시간, 투입 자재량, 비용 등 공정계획 및 관리상 필요한 정보를 기입하여 프로젝트 수행에 관련하여 발생되는 공정상의 문제를 도해나 모델로 해명하고 진척 관리하고자 한다. 네트워크 공정표는 대표적인 방법으로 CPM(Critical Path Method)과 PERT(Program Evaluation & Review Technique) 수법이 있다.

(1) PERT와 CPM의 비교 📖 02③ · 09③ · 12① · 17①,④

구분	CPM	PERT
개발 및 응용	① Walker와 Kelly에 의하여 개발 ② 듀폰에 있어서 보전에 응용	① 미 군수국 특별계획부에 의하여 개발 ② 함대 탄도탄(F.B.M) 개발에 응용
대상계획 및 사업 종류	반복 사업, 경험이 있는 사업 등에 이용	신규 사업, 비반복 사업, 경험이 없는 사업 등에 활용
소요시간 추정	• 1점 시간 추정 $t_e = t_m$	• 3점 시간 추정 $t_e = \dfrac{t_o + 4t_m + t_p}{6}$ 여기서, t_e : 평균 기대시간 t_o : 낙관 시간치 t_m : 정상 시간치 t_p : 비관 시간치
일정계산	• 요소작업 중심의 일정계산 ① 가장 빠른 개시 시간 　(EST ; Earliest Start Time) ② 가장 늦은 개시 시간 　(LST ; Latest Start Time) ③ 가장 빠른 완료 시간 　(EFT ; Earliest Finish Time) ④ 가장 늦은 완료 시간 　(LFT ; Latest Finish Time)	• 단계 중심의 일정계산 ① 가장 빠른 기대 시간 　(TE ; Earliest Expected Time) ② 가장 늦은 허용 시간 　(TL ; Latest Allowable Time)
MCX (최소비용)	CPM의 핵심이론이다.	이 이론이 없다.

CHAPTER 02 네트워크 공정표

제1절 | 네트워크 공정표 구성

1. 구성요소

용어	기호	내용
결합점(Event)	○	네트워크 공정표에서 작업의 개시 및 종료를 나타내며 작업과 작업을 연결하는 기호
작업(Activity, Job)	→	네트워크 공정표에서 하나의 작업을 나타내는 기호
더미(Dummy)	⇢	네트워크에서 정상적으로 표현할 수 없는 작업 상호간의 관계를 표시하는 점선 화살표

(1) ○ : 결합점(Event, Node)
   ① 작업의 시작과 종료를 표시하는 개시점, 종료점
   ② 작업과 작업의 연결점, 결합점
   ③ 번호를 붙이되, 작업의 진행방향으로 작은 번호에서 큰 번호순으로 부여

(2) ⇢ : 더미(Dummy) 📖 02① · 11④ · 17④ · 산22③
   ① Numbering dummy : 결합점에 번호를 붙일 때 중복작업을 피하기 위해 생기는 더미

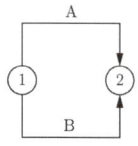 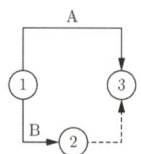

   ② Logical Dummy : 작업 선후 관계를 규정하기 위하여 필요한 더미

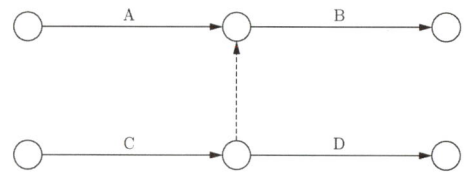

   • B작업은 A와 C작업이 종료되어야만 시작할 수 있다.
   • D작업은 A작업과 상관없이 C작업이 완료되면 시작할 수 있다.
   ③ Connection Dummy : 네트워크 공정표 표현법이 다른 부분에서 발생하는 특수한 더미

제 2 절 | 일정계산

1. 용어

(1) **시간 계산** 📖 산23③

네트워크 공정표상에서 소요시간을 기본으로 한 작업시간, 결합점시간, 공기, 여유 등을 계산하는 것을 말한다.

용어	기호	내용
가장 빠른 개시시각 (Earliest Starting Time)	EST	작업을 시작할 수 있는 가장 빠른 시각
가장 빠른 종료시각 (Earliest Finishing Time)	EFT	작업을 끝낼 수 있는 가장 빠른 시각
가장 늦은 개시시각 (Latest Starting Time)	LST	공기에 영향이 없는 범위 내에서 작업을 가장 늦게 개시해도 되는 시각
가장 늦은 종료시각 (Latest Finishing Time)	LFT	공기에 영향이 없는 범위 내에서 작업을 가장 늦게 종료해도 되는 시각

(2) **여유시간** 📖 산21② · 산23③

공사가 종료되는 데 지장을 주지 않는 범위 내에서의 잔여시간을 말하며, 크게 구분하여 플로트(Float)와 슬랙(Slack)이 있다.

① 플로트(Float) : 네트워크 공정표에서 작업의 여유시간

용어	기호	내용
전체여유 (Total Float)	TF	가장 빠른 개시시각(EST)에 시작하고 가장 늦은 종료시각(LFT)으로 완료할 때 생기는 여유시간
자유여유 (Free Float)	FF	가장 빠른 개시시각(EST)에 시작하고 후속하는 작업이 가장 빠른 개시시각(EST)에 시작하여도 존재하는 여유시간
종속여유 (Dependent Float)	DF	후속작업의 전체여유(TF)에 영향을 주는 여유 TF - FF = DF의 공식이 성립

② 슬랙(Slack) : 네트워크 공정표에서 결합점이 가지는 여유시간
📖 산21② · 산23③

(3) **경로(Path)**: 두 개 이상의 작업이 연결되는 것 📖 산21② · 산22③

용어	기호	내용
주공정선 (Critical Path)	CP	개시 결합점에서 종료 결합점에 이르는 패스 중 가장 긴 경로

2. 일정계산

네트워크 공정표의 일정은 크게 작업의 일정과 결합점의 일정으로 나누어 생각할 수 있다.

	작업(Activity)	결합점(Event)
일정	EST, EFT, LST, LFT	EST, EFT, LST, LFT
여유	TF, FF, DF	slack
표기	일정표(활동목록표)를 작성하여 표기	공정표상에 표기 ⟋LFT\ EFT [EST] LST (i)

[일정 계산 방법]
- 먼저 작업의 일정을 계산하고 그 데이터를 이용하여 결합점의 일정을 계산한다.
- 결합점의 일정은 문제에서 요구하는 사항을 잘 파악하여 작성한다.

(1) 공정표상의 EST, EFT 계산방법
① 최초의 개시 결합점에서 작업의 흐름에 따라 전진 계산한다.
② 최초 개시 결합점의 EST=0이다. (개시 결합점에서 시작되는 모든 작업의 EST =0이다.)
③ 임의 작업의 EFT는 EST에 소요일수를 더하여 구한다. (EFT = EST + D)
④ 임의의 결합점의 EST는 선행작업의 EFT로 한다. (선행작업이 복수일 때는 EFT값 중 최댓값으로 한다.)
⑤ 최종 결합점에서 끝나는 작업의 EFT의 최댓값이 계산공기이며, 최종 결합점의 LFT가 된다.

위 내용을 아래 예제에 적용시켜 보면 다음과 같다.

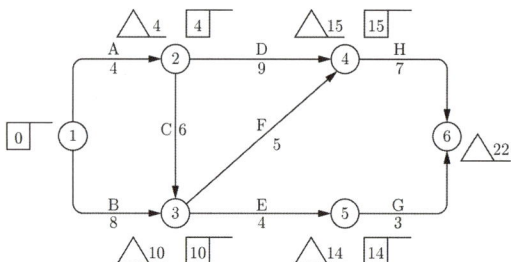

예제
① 위 공정표에서 전진계산에 대한 작업별 여유시간 계산과정을 정리하면 아래와 같다.
② 최초의 개시 결합점에서 시작되는 모든 작업에 0으로 EST 표기한다.
③ 각 작업의 EFT는 EST+작업일수로 계산한다.
④ 두 개의 결합점에서 후속작업의 EST는 선행작업의 EFT값으로 결정한다.
⑤ 3번 결합점과 같이 선행작업이 복수일 경우 EFT값(10일과 8일) 중 최댓값인 10일이 후속작업의 EST가 된다(단계의 원칙 적용).
⑥ 아울러 4번 결합점에서 D작업의 13일과 F작업의 15일 중 최댓값인 15일이 계산공기이자 5번 결합점의 LFT값이 된다.

(2) 공정표상의 LST, LFT 계산방법
① 최초의 종료 결합점에서 작업의 흐름과 반대방향으로 역진 계산한다.
② 최초 종료 결합점의 LFT값은 종료 결합점에서 끝나는 작업의 EFT 값 중 최댓값으로 한다.
③ 임의 작업의 LST는 LFT에 소요일수를 감하여 계산한다. (LST = LFT − D)
④ 임의의 결합점의 LFT는 후속작업의 LST값으로 한다. (후속작업이 복수일 때는 LST값 중에서 최솟값으로 한다.)
위의 내용을 앞의 예제에 적용시켜보면 다음과 같다.

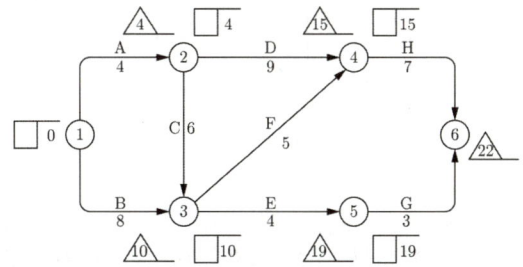

예제
① 위 공정표에서 역진계산에 대한 작업별 여유시간 계산과정을 정리하면 아래와 같다.
② 최종 종료 결합점인 6번 결합점의 LFT는 G작업의 EFT인 17일과 H작업의 EFT인 22일 중에서 최댓값인 22일이며, 이는 G작업과 H작업의 LFT가 된다.
③ 각 작업의 LST는 LFT − 작업일수로 계산한다.
④ 3번 결합점의 LFT 값은 F작업의 LST인 10일과 E작업의 LST인 15일 중에서 최솟값인 10일을 택하여 B, C작업에 적용하였다.
⑤ 2번 결합점의 LFT 값은 D작업의 LST인 6일과 C작업의 LST인 4일 중에서 최솟값인 4일을 택하여 A작업에 적용하였다.

(3) 주공정선(Critical Path) 계산방법
① 주공정선은 개시 결합점에서 종료 결합점까지의 패스 중 가장 긴 작업의 소요일수를 가진 경로를 말한다.
② 주공정선(Critical Path)상의 작업의 여유 Float와 결합점의 여유인 Slack 은 항상 0이다.
③ 주공정선은 하나만 존재하는 것이 아니고 복수일 수 있다.
④ Dummy도 주공정선이 될 수 있음에 유의하여야 한다.

⑤ 주공정선의 일수가 바로 공사기간이 된다. 그러므로 주공정선상의 어느 작업에서도 공사가 지연되는 경우 전체 공기가 지연되므로 공정관리를 위하여 주공정선은 굵은 선으로 표기한다.

예제에서 주공정선(Critical Path)은 ① → ② → ③ → ④ → ⑥이며 공사기간은 22일이 된다.

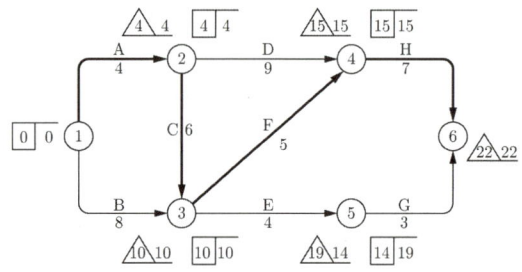

[주공정선 구하고 작도하기]
일정계산 시 EST, EFT, LST, LFT를 구한 후 4개가 모두 같은 결합점들을 연결하면 주공정선이 된다. 특별한 문제조건이 없는 한 주공정선은 굵은 선, 또는 이중선으로 표시하여야 한다.

(4) 작업의 EST, EFT, LST, LFT의 산정 및 표기방법
① 일반적으로 작업의 여유시간 TF, FF 및 DF와 CP만 계산하는 경우가 대부분이지만 간혹 EST, EFT, LST, LFT를 모두 표기하라는 문제가 출제된다.
② 이때는 공정표를 그리고 EST, EFT, LST, LFT를 그림에 표기한 후 그림을 보면서 표에 옮겨적으면 된다.
③ 주공정선에 해당하는 작업들은 아래의 그림에 따라 각 작업의 EST, EFT, LST, LFT를 순서대로 기입하면 된다. 그리고 주공정선이 아닌 작업의 경우 사각형과 삼각형이 이루어진 EST와 LFT는 그대로 기입하지만, 도형이 완성되지 않은 LST와 EFT는 숫자 그대로 기입하지 않고 EFT = EST + D, LST = LFT - D의 공식을 사용하여 계산 후 기입한다.

(5) 작업의 여유(Float) 계산방법
① TF(Total Float) : TF = 그 작업의 LFT - 그 작업의 EFT [뒤 △ - (앞 □ + D)]
또는 TF = 후속 작업의 LST - 그 작업의 EFT
② FF(Free Float) : FF = 후속작업의 EST - 그 작업의 EFT [뒤 □ - (앞 □ + D)]
③ DF(Dependent Float) : DF = TF - FF

주공정선인 A, C, F, H작업의 여유시간은 0이므로 주공정선상 작업의 TF, FF, DF는 모두 0이다. 또한, 위의 계산방법을 적용하여 B작업의 여유시간을 계산하면 다음과 같이 나타낼 수 있다.

① TF 계산방법[뒤 △ − (앞 □ + D)] : $10 - (0 + 8) = 2$
② FF 계산방법[뒤 □ − (앞 □ + D)] : $10 - (0 + 8) = 2$
③ DF 계산방법(TF−FF) : $2 - 2 = 0$
④ 위와 같은 계산방법으로 주공정선을 제외한 모든 작업의 여유시간을 계산한다.

> [주의 : Dummy 1개로만 연결된 결합점의 EST 계산]
> 결합점의 EST 계산 시 후속작업이 Dummy 1개로만 연결된 경우 Dummy의 EST가 결합점의 EST가 된다. 즉, 어떤 작업에서 Dummy 1개로만 연결된 경우의 그 작업의 여유시간 계산에서 EST는 Dummy로 연결된 다음 작업의 EST로 계산해야 한다.
> 다만, 어떤 작업에서 Dummy 1개와 실선이 1개 이상 추가로 연결된 경우 그 작업의 여유시간 계산은 기존 계산대로 해당 작업의 EST로 계산한다.

(6) 활동목록표(일정표 작성)

지금까지 작업의 일정을 계산한 것을 도표로 정리하여 나타낸 것을 활동목록표, 또는 일정표라 한다. 예제 문제의 결과를 나타내면 다음과 같다.

작업명	EST	EFT	LST	LFT	TF	FF	DF	CP
A	0	4	0	4	0	0	0	*
B	0	8	2	10	2	2	0	
C	4	10	4	10	0	0	0	*
D	4	13	6	15	2	2	0	
E	10	14	15	19	5	0	5	
F	10	15	10	15	0	0	0	*
G	14	17	19	22	5	5	0	
H	15	22	15	22	0	0	0	*

> [활동목록표 작성]
> • 활동목록표나 일정표는 답안에서 양식이 제시되지 않는 경우에도 도표로 작성하는 것이 좋다.
> • 별도로 답을 요구하는 경우 요구조건을 준수하여 작성한다.

(7) CPM 기법과 PERT 기법에 의한 공정표 작성 비교

① 결합점의 일정은 아래의 예와 같이 두 가지 형태로 나타내는데, 첫 번째가 CPM 기법이고 두 번째 그림이 PERT 기법의 표현이다.

┃표현 1┃   ┃표현 2┃

② 위 두 가지 방법에서 표기방법을 비교하면 아래와 같다.

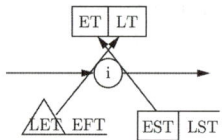

위의 그림에서 보듯이 결합점의 EST와 ET가 같고, 결합점의 LFT와 LT가 같게 구한다. 즉, 하나의 작업에 대해 CPM 기법에서는 LFT, EFT, EST, LST의 4개를 나타내지만, PERT 기법에서는 ET와 LT 2개만 나타낸다.

③ CPM 기법에서 결합점의 EFT와 LST는 아래와 같이 표현한다.

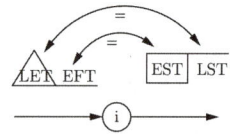

[공정표 작성 시 유의사항]
① 결합점의 번호 확인(小 → 大)
② Dummy 유무 및 화살표 확인
③ 주공정선 확인(굵은 선, 이중선)
④ 한눈에 들어올 수 있게 깨끗하게 작성
⑤ 답안지가 제시된 영역의 범위 안에서 크게 작성

CHAPTER 03 횡선식 공정표(Bar Chart)

제1절 | 문제 유형 분석

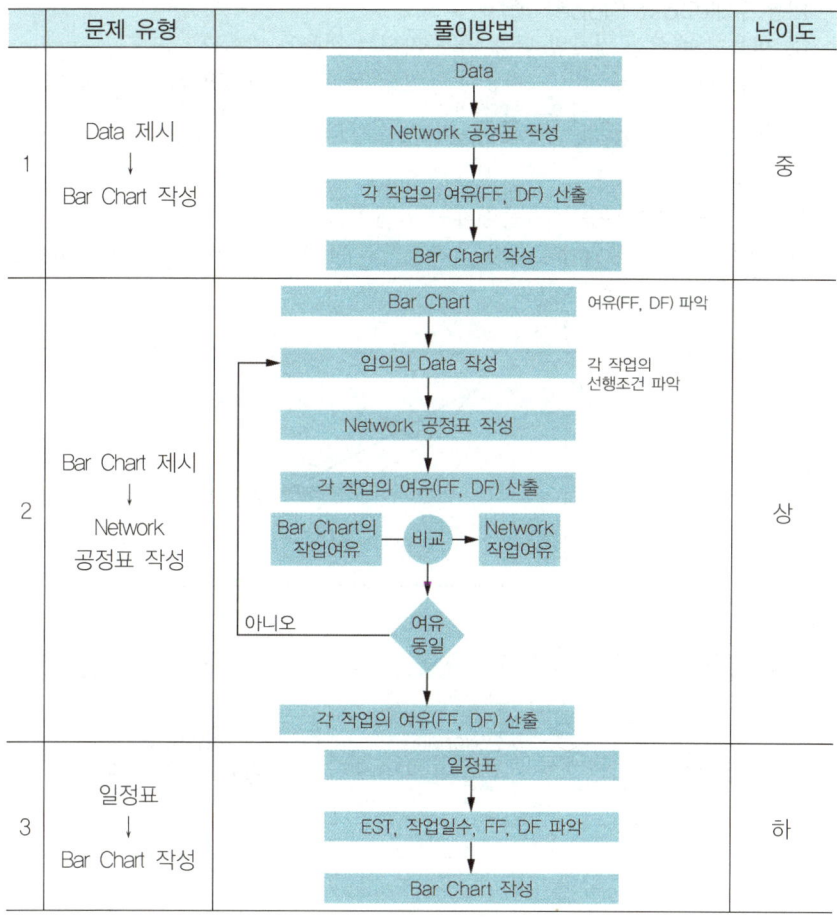

CHAPTER 04 공기단축

제1절 | 일반사항

1. 비용 구배(Cost Slope)
① 비용 구배란 공기 1일 단축 시 증가되는 비용을 말한다.
② 시간 단축 시 증가되는 비용의 곡선을 직선으로 가정한 기울기의 값이다.
③ 비용 구배 = $\dfrac{\text{특급비용} - \text{표준비용}}{\text{표준공기} - \text{특급공기}}$
④ 단위는 원/일이다.
⑤ 공기단축 가능일수 = 표준공기 − 특급공기
⑥ 특급점이란 비용이나 인원을 증가하여도 더 이상 단축이 불가능한 시간(절대공기)을 말한다.

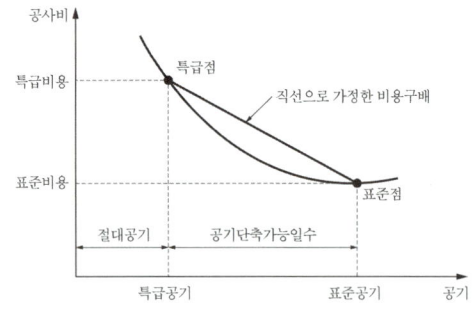

예제 1
다음 각 작업의 비용 구배를 구하시오.

작업	표준(Normal)		특급(Crash)	
	공기	공비	공기	공비
A	10일	90,000원	6일	150,000원
B	8일	80,000원	5일	110,000원

[해설]

A작업 : 비용 구배 = $\dfrac{150,000 - 90,000\text{원}}{10\text{일} - 6\text{일}}$ = 15,000원/일

B작업 : 비용 구배 = $\dfrac{110,000 - 80,000\text{원}}{8\text{일} - 5\text{일}}$ = 10,000원/일

[비용 구배 단위]
비용 구배 산출 시 단위가 원/일 임에 유의한다(단순히 원만 기입하면 오답 처리됨)

제 2 절 | 공기단축법

1. MCX(Minimum Cost Expediting) 기법
① 네트워크 공정표를 작성한다.
② 주공정선(CP)을 구한다.
③ 각 작업의 비용 구배를 구한다.
④ 주공정선(CP)의 작업에서 비용 구배가 최소인 작업부터 단축가능일수 범위 내에서 단축한다.
⑤ 이때 주공정선(CP)이 바뀌지 않도록 주의해야 한다(부공정선이 추가로 주공정선이 될 수 있다).

예제 2
다음 네트워크 공정표와 작업 Data는 어떤 공사계획의 일부분이다. 이 공정에서 3일간의 공기를 단축하고자 한다. 공기단축 시 총공사비를 산출하시오.

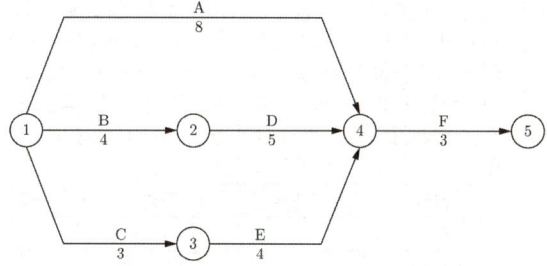

작업	표준(Normal)		특급(Crash)	
	공기	공비	공기	공비
A	8	40,000	6	52,000
B	4	40,000	2	50,000
C	3	60,000	3	60,000
D	5	70,000	3	86,000
E	4	60,000	2	100,000
F	3	40,000	2	50,000

해설 (1) 주공정선(CP)을 구한다.

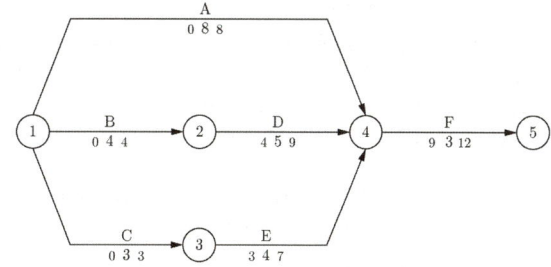

> [주공정선(CP)]
> 공정표를 작성 후 각 작업의 EST와 EFT만을 구하여 주공정선(CP)을 구한다.

(2) 각 작업의 단축가능일수 및 비용 구배를 구한다.

작업	단축가능일수	비용 구배
A	2	6,000
B	2	5,000
C	단축 불가	단축 불가
D	2	8,000
E	2	20,000
F	1	10,000

> [단축가능일수]
> 단축가능일수 = 표준공기 - 특급공기

(3) 주공정선(CP)의 작업에서 비용 구배가 최소인 작업부터 단축가능일수 범위 내에서 단축하되, 주공정선이 뒤바뀌지 않도록 주의한다.
① 1차 단축 : B-D-F공정(CP) 중 비용 구배가 최소인 B작업에서 단축하되 단축가능일수 2일을 전부 단축하면 B-D-F(10일), A-F(11일)이 되어 주공정선이 바뀌게 된다. 주공정선은 부공정선과 소요일수가 같을 수는 있지만, 한 번 정해지면 공기단축이 끝날 때까지 바뀔 수 없으므로 B작업에서는 1일밖에 단축할 수 없다.

경로	소요일수	1차 단축	2차 단축	3차 단축
A-F	11	11		
B-D-F	12	11		
C-E-F	10	10		
단축작업		B-1		

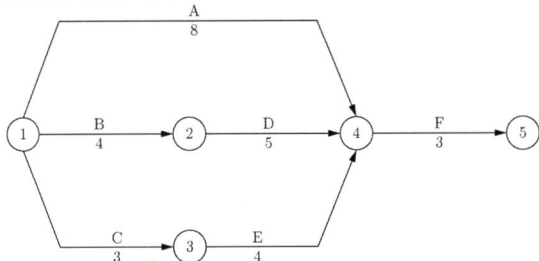

B작업에서 1일 단축 후 A작업이 추가로 주공정선이 되었다.
② 2차 단축 : 주공정선(B-D-F와 A-F)에서 동시에 1일 단축하는 경우의 수는 공통으로 속한 F-1과 A/B-1, A/D-1이 있고 세 가지의 경우의 수에 대한 증가 비용을 비교해서 최소인 공정을 선택하면 된다.
〈증가 비용 비교〉
• F작업 1일 단축 시(F-1) 증가 비용 : 10,000원
• A작업과 B작업을 동시 1일 단축 시(A/B-1) 증가 비용 : 6,000+5,000=11,000원

- A작업과 D작업을 동시 1일 단축 시(A/D-1) 증가 비용 : 6,000+8,000=14,000원
  ∴ F작업에서 1일 단축

경로	소요일수	1차 단축	2차 단축	3차 단축
A-F	11	11	10	
B-D-F	12	11	10	
C-E-F	10	10	9	
단축작업		B-1	F-1	

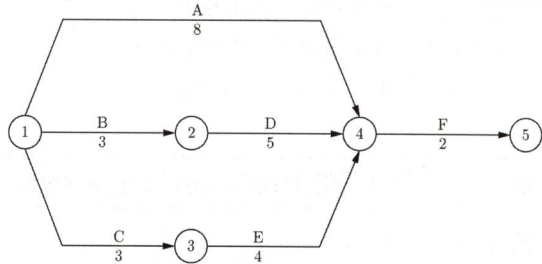

③ 3차 단축 : ②번에서 살펴본 결과, 역시 F작업에서 1일을 단축하면 되지만, F작업은 단축가능일수가 1일뿐이었으므로 더 이상 단축할 수 없고, 자동적으로 A작업과 B작업에서 1일씩 단축하는 것이 비용 구배가 최소가 된다.

경로	소요일수	1차 단축	2차 단축	3차 단축
A-F	11	11	10	9
B-D-F	12	11	10	9
C-E-F	10	10	9	9
단축작업		B-1	F-1	A-1, B-1

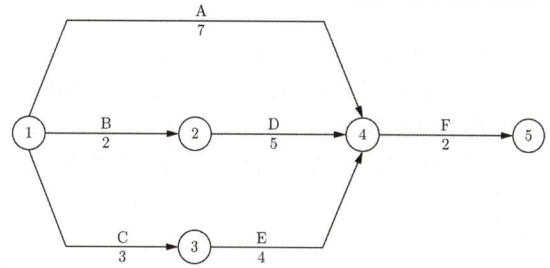

3차 단축 후 모든 공정이 주공정선이 되므로 C작업과 E작업도 주공정선이 된다.

(4) 공기단축 시 총공사비 산출
① 표준상태 총공사비 = 310,000원
② 공기단축 시 증가 비용 : A-1, B-1, B-1, F-1을 모두 계산한다.
   6,000×1 + 5,000×2 + 10,000×1 = 26,000원
③ 공기단축 시 총공사비 : ① + ② = 310,000 + 26,000 = 336,000원

CHAPTER 05 공정관리 기법

제1절 자원배당

1. **자원배당의 대상** 📖 99③ · 00④ · 01② · 05③ · 07②
   ① 내구성 자원 : 인력(Man), 장비(Machine)
   ② 소모성 자원 : 자재(Material), 자금(Money)
   ③ 기타 : 공법(관리), 경험, 기억(기술축적)

제2절 EVMS(Earned Value Management System, 비용시간 통합관리)

1. **구성요소**

   EVMS를 구성하는 요소는 계획요소, 측정요소, 분석요소 3개로 나눌 수 있다.

   (1) 계획요소
   ① 작업분류체계(WBS ; Work Breakdown Structure) 📖 08③
      프로젝트의 모든 작업내용을 계층적으로 분류한 것으로 가계도와 유사한 형성을 나타낸다.
   ② 관리계정(CA ; Control Account) 📖 05② · 12① · 16②
      공정, 공사비 통합, 성과측정, 분석의 기본단위를 말하며, 작업분류체계에 의해 분할된 최소 관리 단위를 의미한다.

   (2) 측정요소

   측정요소는 실제 공사가 진행되는 과정에서 주기적으로 성과를 측정하고 분석하기 위한 자료를 수집하는 과정으로 실행원가, 실행기성, 실투입비로 나뉜다.
   ① 실행원가(BCWS ; Budgeted Cost of Work Scheduled) 📖 08③
      성과측정 시점까지 투입 예정된 공사비로 실행예산 또는 계획실적 등으로 불린다. 공사계획에 의해 특정 시점까지 완료해야 할 작업에 배분된 예산으로 원가관리의 기준이다.
   ② 실투입비(ACWP ; Actual Cost of Work Performed) 📖 05② · 12① · 16②
      특정 시점까지 실제 완료한 작업에 소요된 실제 투입비용이다.

(3) 분석요소

분석요소는 측정요소를 활용하여 특정 시점에서의 공사의 상태를 파악하고, 향후 성과를 예측하여 일정과 비용의 추세를 분석하는 지표이다. 분석요소에는 일정분산, 비용분산, 잔여비용 추정, 최종비용 추정, 변경실행예산, 공사비 편차 추정, 비용차이율, 일정차이율 등이 포함된다.

① 일정분산(SV; Schedule Variance) 📖 08③

성과측정 시점까지 지불된 공사비(BCWP)에서 성과측정 시점까지 투입예정된 공사비를 제외한 비용

② 비용분산(CV; Cost Variance) 📖 05② · 12① · 16②

성과측정 시점까지 지불된 공사비(BCWP)에서 성과측정 시점까지 실제로 투입된 금액을 제외한 비용으로, 실투입이 원가 내에 있는지 여부를 구분하는 척도이며 시공자 입장에서 공사 수행을 통한 손익 정도를 분석

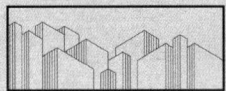

건축적산

CHAPTER 01 총론

제1절 | 건축적산의 일반사항

1. 적산과 견적 13② · 18④ · 산22②

(1) 적산
공사에 필요한 재료나 품의 수량 즉, 전체 **공사량을 산출하는 것**

(2) 견적
산출된 전체 공사량에 단가를 곱하여 **총공사비를 산출하는 것**으로 공사개요 및 기일, 기타 조건에 의하여 달라질 수 있다.

2. 공사비 비목 06③ · 14②

비목	비목 내용
재료비 (자재비)	① 직접재료비 : 공사계약 목적물을 완성하는데 사용되는 재료의 비용 ② 간접재료비 : 공사계약 목적물을 완성하지 않으나, 공사에 보조적으로 소비되는 재료의 비용(소모품) ③ 부산물 : 시공 중 발생되는 부산물은 이용가치를 추산하여 재료비에서 공제한다.
노무비	① 직접노무비 : 공사계약 목적물을 완성하기 위하여 **직접 작업에 종사하는 종업원 및 기능공에 제공되는 노동력의 대가** ② 간접노무비 : 직접 작업에 종사하지 않으나, 공사 현장의 **보조작업에 종사**하는 노무자, 종업원, 현장사무직원에 지급하는 금액
외주비	도급에 의해 공사계약 목적물 공사의 일부를 위탁, 의뢰하여 반입되는 재료비와 노무비
경비	전력비, 운반비, 기계경비, 가설비, 특허권 사용료, 기술료, 시험검사비, 지급 임차료, 보험료, 보관비, 외주 가공비, 안전 관리비, 기타 경비
일반관리비	기업의 유지를 위한 **관리활동부문에서 발행하는 제비용**
이윤	영업 이익
공사원가	공사 시공과정에서 발생하는 **재료비, 노무비, 간접공사비, 경비의 합계액**
총공사비	공사 시공과정에서 발생하는 **공사원가, 일반관리비, 이윤의 합계액**

제2절 | 수량산출 기준

1. 할증률 15④ · 산22①

할증률	재료	할증률	재료
1%	유리, 철근콘크리트	5%	원형철근 일반 볼트, 리벳, 강관 소형형강(Angle) **시멘트 벽돌** 타일(합성수지계) 수장합판 목재(각재) 텍스, 석고보드, 기와
2%	도료 무근콘크리트 위생기구	6%	테라초 판
		7%	대형형강
3%	이형철근 고력볼트 **붉은벽돌** 내화벽돌 타일(점토계) 타일(클링커) 테라코타 일반합판 슬레이트	10%	강판(Plate) **단열재** 석재(정형) 목재(판재)
4%	시멘트 블록	20%	졸대
		30%	석재(원석, 부정형)

제3절 | 길이·면적 산출방법

1. 둘레길이·면적 산출법

(1)
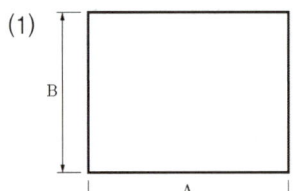

① 면적 $= A \times B$
② 둘레길이 $= (A+B) \times 2$

(2)
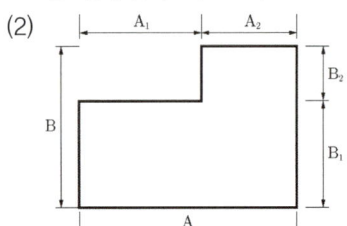

① 면적 $= A \times B - (A_1 \times B_2)$
② 둘레길이 $= (A+B) \times 2$

(3)
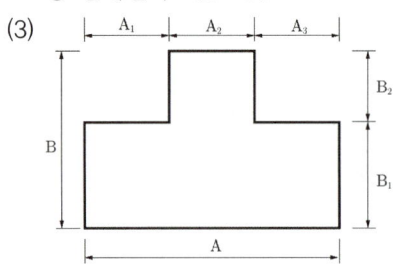

① 면적 $= A \times B - \{(A_1 + A_3) \times B_2\}$
② 둘레길이 $= (A+B) \times 2$

(4)
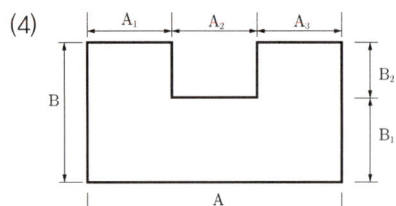

① 면적 $= A \times B - (A_2 \times B_2)$
② 둘레길이 $= (A+B+B_2) \times 2$

(5)
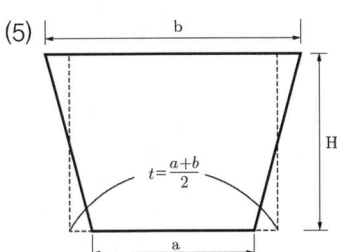

① 면적 $= \dfrac{a+b}{2} \times H = t \times H$

(6)
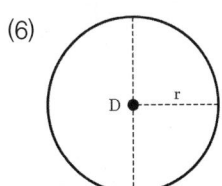

① 면적 $= \pi r^2 = \dfrac{\pi D^2}{4}$

② 둘레길이 $= 2\pi r = \pi D$

[면적 산출법]
전체면적 – 공제 부분 면적

2. 면적산출법(1)

(1) 중심간 계산 시

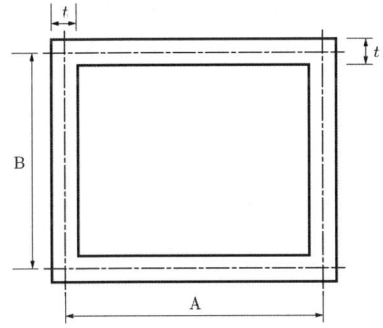

① 면적 $= A \times B$
② 둘레길이 $= (A+B) \times 2$

(2) 내측간 계산 시

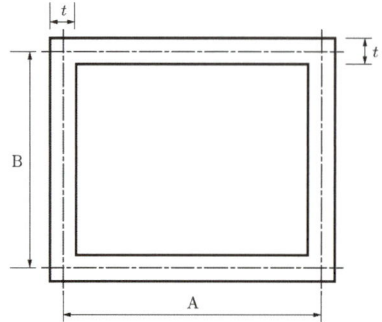

① 면적=(A-t)×(B-t)
② 둘레길이={(A-t)+(B-t)}×2

(3) 빗금 친 부분의 면적

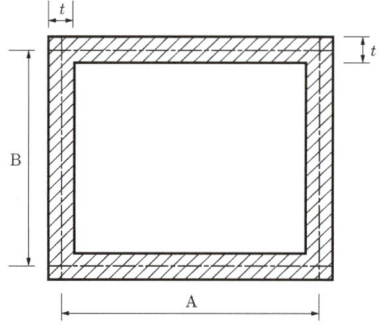

① 면적=(A+B)×2×t
    ↓
   중심간 둘레길이

3. 면적산출법(2)

(1) 내측과 외측의 두께가 다른 경우

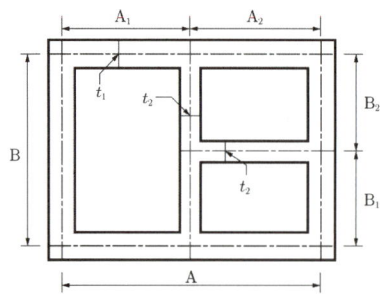

위의 도면과 같이 두께가 다른 경우는 외측과 내측을 분리하여 산출한다.
① 외측 부분 : 앞에서의 계산과정과 동일하다. $A = (A+B) \times 2 \times t_1$
② 내측 부분

　㉠ 가로부분 : $\left\{ A_2 - \left(\dfrac{t_2}{2} + \dfrac{t_1}{2} \right) \right\} \times t_2$

　㉡ 세로부분 : $\left\{ B - \left(\dfrac{t_1}{2} \times 2개소 \right) \right\} \times t_2$

앞에서 구한 공식과 비교하여 다시 정리하면 다음과 같다.
두께 상이 → 내·외측 구분하여 계산
① 외측 $= \sum l - \times t_1$
　외측의 중심간 길이
② 내측 $= \left\{ \sum l - \left(\dfrac{t_1}{2} \times 중복\ 개소\ 수 + \dfrac{t_2}{2} \times 중복\ 개소\ 수 \right) \right\} \times t_2$: 두께동일
　내측의 중심간 길이

즉, 두께가 다른 경우 중복 개소 수를 두께가 같은 것끼리 나누어 중심간 길이에서 공제하여 주면 된다.

4. 체적산출법
앞에서 계산해 보았던 구조물의 체적을 구하는 방법을 알아보자.

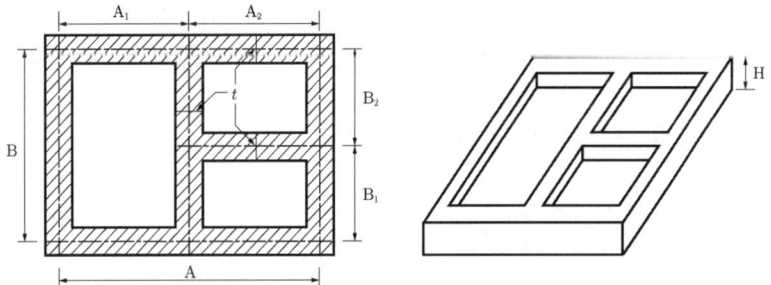

우리는 앞에서 위의 평면도의 빗금 친 부분의 면적을 아래와 같이 정리하여 공식화하였다.

면적$(A) = \left\{ \sum l - \left(\dfrac{t}{2} \times 중복\ 개소\ 수 \right) \right\} \times t$

그러므로 상기 구조물은 빗금 친 면적에다 높이(H)를 곱하면 체적을 구할 수 있다. 그 내용을 정리하면 아래와 같다.

체적$(V) = t \times H \times \left\{ \sum l - \left(\dfrac{t}{2} \times 중복\ 개소\ 수 \right) \right\}$

CHAPTER 02 가설공사

제1절 | 공통 가설공사

1. 시멘트 창고 면적(m²) 계산 06② · 23④

(1) 비례식(창고 바닥면적 1m²당)
  ① 30~35포 저장(창고 내 통로 설치)
  ② 50포 저장(창고 내 통로를 고려치 않는 경우)

(2) 식에 의한 경우

$$A = 0.4 \times \frac{N}{n}$$

여기서, A : 창고 면적(m²)

n : 최고 쌓기 단수
  ① 문제조건 우선
  ② 조건이 없는 경우 13단
  ③ 장기 저장인 경우 7단

N : 저장할 수 있는 시멘트량
  ① 사용시멘트량 600포 미만 : 전량저장
  ② 사용시멘트량 600포 이상 : 사용량의 1/3
      (단, 공사기간이 단기인 경우 사용 시멘트량에 관계없이 전량을 저장함)

2. 동력소 및 변전소 면적 산출(m²) 10②

$$A = 3.3 \times \sqrt{W}$$

여기서, A : 설치면적(m²)

W : 사용기계 기구의 최대 전력(kW)의 합(1HP≒746W=0.746kW)

제 2 절 | 직접 가설공사

1. 수평규준틀
(1) 수평규준틀 산출방법
① 평면 배치도를 작성하여 귀규준틀 또는 평규준틀로 나누어 개소 수로 산출함을 원칙으로 하되, 건축면적의 규모 및 평면구조상 불가피한 경우 면적당으로 계산할 수도 있다.
② 2층 이상의 수평보기는 먹매김품을 적용한다.
③ 수평 규준틀의 목재 손율은 80%로 한다. 📖 16②
　㉠ 면적으로 산출 시 : 중심선으로 둘러싸인 건축면적(m^2)으로 계산
　㉡ 개소당 산출 시

종류	구조	설치 위치
평규준틀	RC조	모서리 기둥을 제외한 기둥마다 설치
	조적조	모서리 부분 및 노출되는 부분의 내력벽마다 설치
귀규준틀	RC조	외관 모서리 기둥과 외부로 노출되는 기둥에 설치
	조적조	모서리 부분 및 노출되는 부분에 설치

2. 비계면적(m^2)
(1) 외부 비계면적

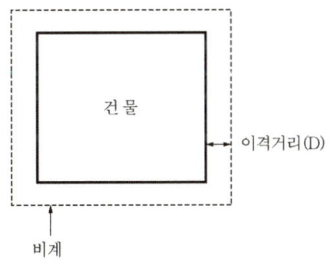

건물구조 \ 비계종류	통나무 비계 외줄·겹비계	통나무 비계 쌍줄틀비계	단관 파이프 틀비계	비고
목구조	45	90	100	벽 중심에서 이격
조적조 철근콘크리트구조 철골구조	45	90	100	벽 외측에서 이격

[비계면적(A) = 비계둘레길이 × 건물의 높이]

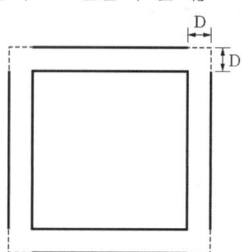

① 비계둘레길이 = (건물둘레길이 + 늘어난 비계길이)
② 늘어난 비계길이 산정방법은 위의 그림에서 알 수 있듯이 8개소 × 이격거리 (D)이다.

1. 내부 비계면적=연면적×0.9
2. 외부 비계면적   12① · 13② · 17④ · 23②
   ① 외줄·겹비계 : $A = (\Sigma L + 0.45 \times 8) \times H$
   ② 쌍줄비계 : $A = (\Sigma L + 0.9 \times 8) \times H$
   ③ 단관·틀비계 : $A = (\Sigma L + 1.0 \times 8) \times H$
   여기서, ΣL : 건물둘레길이
   H : 건물의 높이

CHAPTER 03 토공사

제1절 | 터파기량

1. 터파기량 계산

(1) 독립기초　📖 02② · 07③

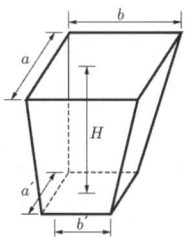

$$V = \frac{H}{6}\{(2a+a')\times b + (2a'+a)\times b'\}$$

(2) 줄기초　📖 99④

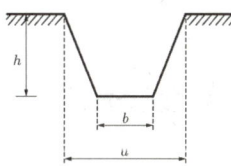
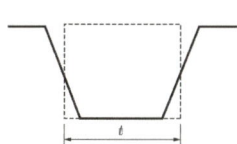

① 터파기량 = 단면적 × 길이

　㉠ 단면적 $=\dfrac{a+b}{2}\times h$ (여기서, $\dfrac{a+b}{2}=t$) = t×h

　㉡ 길이는 **외측의 줄기초는 중심간 길이, 내측의 줄기초는 안목길이로 산출**한다.

② 줄기초는 길이 변화에 유의하여야 한다.

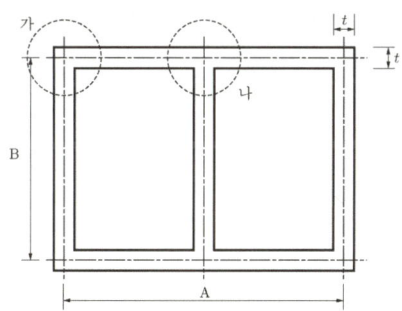

③ 줄기초 터파기량은 체적 구하는 공식을 활용하여 아래의 방법을 이용한다.

| ① 터파기 높이 결정(H)
② 밑면, 윗변 너비 결정(t =산출)
③ 중심간 길이 산출(내·외측합= Σl)
④ 중복 개소 수 산출 | $t \times H \times \left[\Sigma l - \dfrac{t}{2} \times 중복\ 개소\ 수 \right]$ |

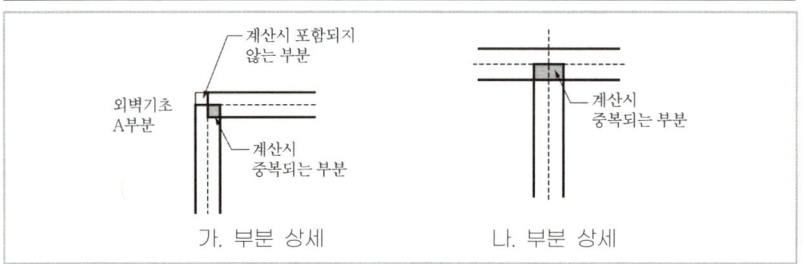

가. 부분 상세   나. 부분 상세

(3) 온통기초(흙막이가 없을 때) 📖 10① · 12④ · 13④ · 16② · 20②

∴ 터파기량(V) = $(l_x + 2a) \times (l_y + 2a) \times H$

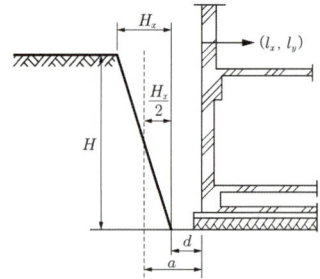

제 2 절 | 되메우기량

되메우기량 = 터파기량 - 기초구조부 체적(GL 이하)

여기서, 기초구조부 체적은 지표면 이하의 잡석다짐량, 기초콘크리트, 지하실의 용적 등의 합계를 말한다.

제 3 절 | 잔토처리량

> 잔토처리량 = 기초구조부 체적(GL 이하) × 토량환산계수(L)

1. 기초구조부 체적(GL 이하)
기초구조부 체적은 되메우기량에서 구한 값을 이용한다.

2. 토량환산계수
토량의 상태변화에 따른 흙의 부피변화를 나타낸 상수

| 자연상태(1) | 흐트러진 상태(L) | 다짐상태(C) |

부피증가(20%) / 부피감소(10%) / 밀실

(1) 토량의 변화

$$L = \frac{\text{흐트러진 상태의 토량}(m^3)}{\text{자연상태의 토량}(m^3)} \rightarrow \text{잔토처리량 계산 시 사용}$$

$$C = \frac{\text{다져진 상태의 토량}(m^3)}{\text{자연상태의 토량}(m^3)} \rightarrow \text{흙 돋우기(다짐) 계산 시 사용}$$

(2) 토량환산계수표　11④ · 15④

기준이 되는 상태 \ 구하는 상태	자연상태의 토량	흐트러진 상태의 토량	다짐상태의 토량
자연상태의 토량	1	L	C
흐트러진 상태의 토량	1/L	1	C/L
다짐상태의 토량	1/C	L/C	1

[토량환산계수표 적용]
　구하는 상태(변화된 상태)　→ 분자
　기준이 되는 상태(원상태)　→ 분모

3. 잔토처리
① 터파기량을 전부 잔토처리할 때 = 터파기 체적 × 토량환산계수
② 일부 흙을 되메우고 잔토처리할 때
　㉠ 흙 메우기만 할 때 = (터파기 체적 − 되메우기 체적) × 토량환산계수
　㉡ 흙 메우고 흙 돋우기할 때
　　= {터파기 체적 − (되메우기 체적 + 돋우기 체적)} × 토량환산계수

제4절 | 건설기계 및 소운반

1. 건설장비의 작업량(Q)

(1) 불도저 📖 13① · 16②

$$Q = \frac{60 \times q \times f \times E}{C_m}$$

여기서, Q : 장비의 1시간당 작업량
　　　　C_m : 1회 작업당 소요시간(분)
　　　　q : 1회 작업사이클당 표준작업량(m³ 또는 ton)
　　　　f : 토량환산계수
　　　　E : 작업효율

(2) 셔블계 굴착기 📖 06① · 09③ · 15② · 19①

$$Q = \frac{3600 \times q \times k \times f \times E}{C_m}$$

여기서, Q : 장비의 1시간당 작업량
　　　　C_m : 1회 작업당 소요시간(초)
　　　　k : 버킷 또는 딥퍼 계수
　　　　q : 1회 작업사이클당 표준작업량(m³ 또는 ton)
　　　　f : 토량환산계수
　　　　E : 작업효율

CHAPTER 04 철근콘크리트공사

제1절 | 배합비에 따른 각 재료량

1. 콘크리트 배합비에 따른 각 재료량

(1) 콘크리트의 부피

콘크리트의 부피는 콘크리트를 구성하는 시멘트, 모래, 자갈 및 물의 부피의 합이다.

콘크리트 부피 = 시멘트의 부피 + 모래의 부피 + 자갈의 부피 + 물의 부피

비중 $= \dfrac{W(중량)}{V(부피)} \;\to\; V(부피) = \dfrac{W(중량)}{비중},\; W(중량) = V(부피) \times 비중$

(2) 비벼내기량 계산

비벼내기량(V)을 산출하는 식은 정산식과 약산식으로 나눌 수 있다.

① 약산식　07② · 17① · 20①

　콘크리트 현장 용적배합비가 1 : m : n이고, W/C를 고려하지 않는 경우

　$V = 1.1\text{m} + 0.57\text{n}$

(3) 콘크리트의 배합비가 주어졌을 경우 각 재료량 계산

배합비가 1 : m : n인 콘크리트 1m³당 각 재료의 소요량은 비벼내기량(V)을 구한 후 다음 식에 의거 산출한다.

① 시멘트량 $= \dfrac{1}{V}(\text{m}^3) \;\to\;$ 단위용적 중량 $= 1{,}500\text{kg/m}^3$ 사용,

　시멘트 1포 = 40kg

② 모래량 $= \dfrac{m}{V}(\text{m}^3)$

③ 자갈량 $= \dfrac{n}{V}(\text{m}^3)$

④ 물의 양 = 시멘트 중량 × 물·시멘트비

제2절 | 콘크리트량 · 거푸집량

1. 일반사항

(1) 콘크리트 10②,④ · 14①,②,④ · 18④ · 19④ · 산21③ · 산23①
  ① 콘크리트 소요량은 품질·배합의 종류·제치장 마무리 등의 종류별로 구분하여 산출하며 도면의 정미량으로 한다.
  ② 체적 산출 시는 일반적으로 건물의 최하부에서부터 상부로, 또한 각층별로 구분하여 기초, 기둥, 벽체, 보, 바닥판, 계단 및 기타 세부의 순으로 산출하되 연결부분은 서로 중복이 없도록 한다.
  ③ 콘크리트 배합설계재료의 할증률은 다음 표의 값 이내로 한다.

종류	정치식(%)	기타(%)
시멘트	2	3
잔골재	10	12
굵은 골재	3	5
혼화재	2	–

(2) 거푸집 10②,④ · 14①,②,④ · 19② · 산21③ · 22① · 산23①,②
  ① 거푸집 소요량은 설계도서에 의하여 산출한 정미면적으로 한다.
  ② 거푸집 면적산출방법은 각층별 또는 구조별로 나누어 각 부분에 서로 중복이 없도록 한다.
  ③ $1m^2$ 이하의 개구부는 주위 사용재를 고려하여 거푸집 면적에서 공제하지 않는다.

2. 부위별 산출방법

(1) 기초
  ① 독립기초
    ㉠ 콘크리트
      • A부분 = $a \times b \times h_1$
      • B부분 = $\dfrac{h_2}{6}\{(2a+a') \times b + (2a'+a) \times b'\}$
    ㉡ 거푸집

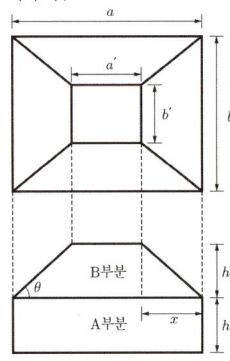

      • A부분 = $(a+b) \times 2 \times h_1$
      • B부분 = $\left(\dfrac{a+a'}{2} \times \sqrt{x^2+h_2^2}\right) \times$ 개소 수

② 줄기초(연속기초)

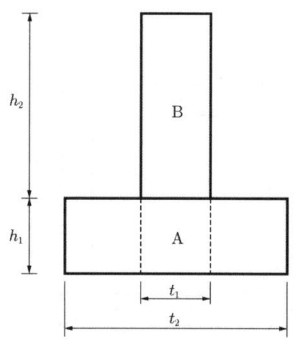

㉠ 콘크리트량 : 단면적×유효길이(l)
- A부분 : $t_2 \times h_1 \times l$
- B부분 : $t_1 \times h_2 \times l$

㉡ 거푸집량 : 수직면(옆면+앞/뒷면)만 계상
- A부분 : $h_1 \times 2 \times l$
- B부분 : $h_2 \times 2 \times l$
- 앞/뒷면 : $(h_1 \times t_2 + h_2 \times t_1) \times 2$

(2) 기둥

기둥은 모양 치수가 동일한 개수를 계산하고 층높이에서 바닥판 두께를 뺀 높이를 곱하여 계산한다.

① 콘크리트량 : 기둥 단면적×안목높이$(H-t_s)$
② 거푸집 : 기둥 둘레길이×안목높이$(H-t_s)$

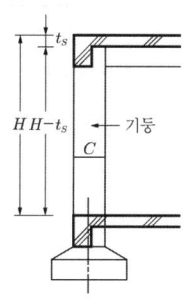

(3) 벽체
① 기둥이 없을 때

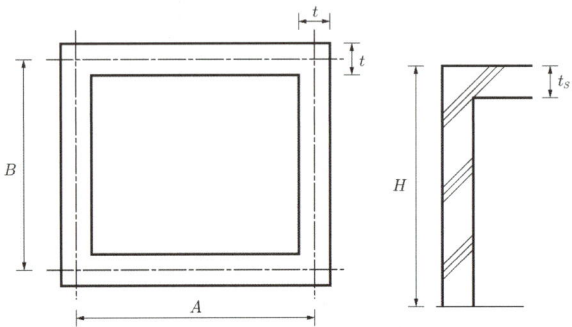

㉠ 콘크리트량=중심간 길이×벽두께×안목높이=(A+B)×2×t×$(H-t_s)$
㉡ 거푸집량=중심간 길이×2×안목높이=(A+B)×2×2×$(H-t_s)$
■ 벽체와 바닥판이 만나는 부분의 거푸집은 바닥판 거푸집 산출 시 공제한다.

② 기둥이 있을 때

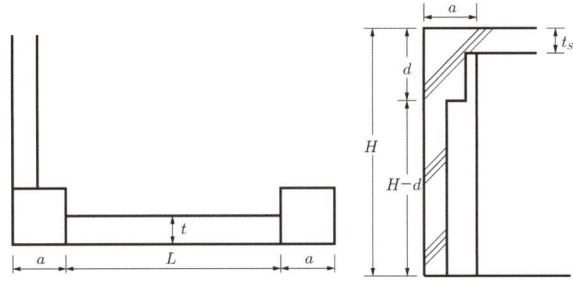

㉠ 콘크리트량=기둥간 안목길이×벽두께×안목높이=$L×t×(H-d)$
㉡ 거푸집량=중심간 길이×2(앞뒤)×안목높이=$L×2×(H-d)$
■ 기둥과 벽체가 만나는 부분은 공제하지 않는다.

(4) 보
① 콘크리트량=슬래브 두께를 뺀 보 단면적×기둥간 안목길이
$$=b×(d-t_s)×l_0$$
■ 슬래브 두께 부분의 콘크리트량은 바닥판 수량 산출 시 계산한다.
② 거푸집량=슬래브 두께를 뺀 보 춤×2(좌우)×기둥간 안목길이
$$=(d-t_s)×2×l_0$$

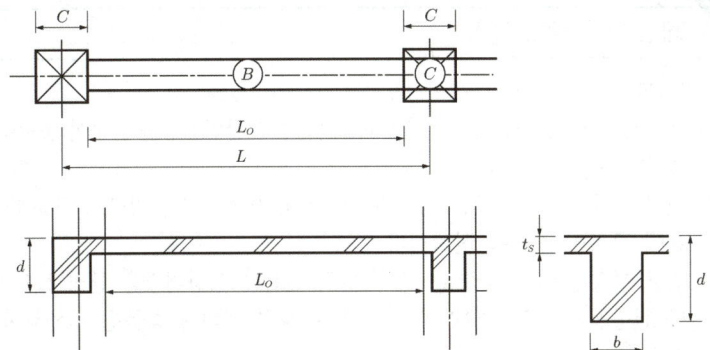

(5) 슬래브

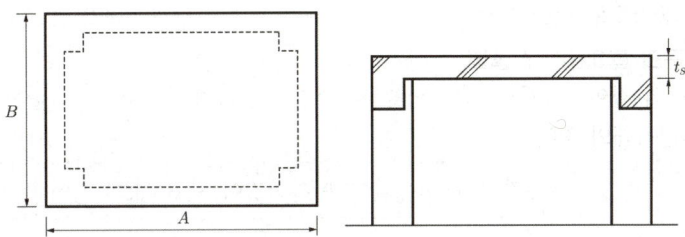

① 콘크리트량=바닥판 면적×두께=$A \times B \times t_s$
② 거푸량=밑면적+옆면적=$(A \times B)+(A+B) \times 2 \times t_s$

■ 슬래브 밑에 벽체가 있는 경우 바닥판과 벽체가 접하는 부분은 공제하므로 밑면 거푸집량 산출 시 외벽의 두께를 뺀 내벽가 바닥면적으로 한다.

제3절 | 철근량

1. **일반사항** 98① · 99⑤ · 05② · 09③ · 11② · 15① · 22④
   ① 철근은 종류별, 지름별로 총 길이를 산출하고 단위중량을 곱하여 총중량으로 산출한다.
   ② 철근은 각층별로 기초, 기둥, 보, 바닥판, 벽체, 계단 기타로 구분하여 각 부분에 중복이 없도록 산출한다.
   ③ 철근 수량은 이음 정착길이를 정밀히 계산하여 정미량을 산정하고 정미량에다 원형철근은 5% 이내, 이형철근은 3% 이내의 할증률을 가산하여 소요량으로 한다.
   ④ 철근량은 길이(m)로 산출하고, 산출된 길이에 단위중량(kg/m)을 곱하여 총중량으로 산출한다.

2. **철근의 길이(m) 산출법**
   철근의 길이는 1개의 길이 산출 후 개수를 곱하여 총 길이를 산출한다.
   (1) 철근 1개의 길이

   $$부재길이 + 이음길이 + 정착길이 + Hook의 길이$$

   (2) 철근의 개수

   $$개수 = \frac{길이(L)}{간격(@)} + 1$$

   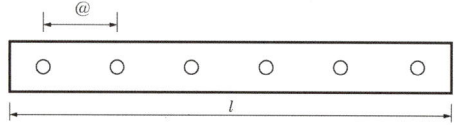

3. **각 구조 부위별 수량 산출**
   (1) 기둥

   $$1개의 길이 = 부재의 길이 + 정착길이 + Hook + 이음길이$$

   ■ 독립기초의 기초기둥 산출방법과 동일하지만, 이음개소 및 상단의 Hook에 유의한다.

① 주근
　㉠ 부재길이의 높이 ………………………………………………… 기둥높이
　㉡ 정착길이 ………………………………………………………………… 40cm
　㉢ 이음길이 …………………………………………………………………… 25d
　㉣ 이음개소 ………………………………………………………………… 층마다
　㉤ 개수 …………………………………………………………………… 도면표기
　㉥ Hook …………………………………………………………………… 10.3d
② 띠철근
　㉠ 1개의 길이 …………………………………………………… 기둥 둘레길이
　㉡ 개수 …………………………………………… 기둥높이÷간격+1(중앙부)
　　　………………………………………………… 기둥높이÷간격(단부)
③ 보조 띠철근
　㉠ 1개의 길이 …………………………………………………… 기둥 둘레길이
　㉡ 개수 …………………………………………… 기둥높이÷간격+1(중앙부)
　　　………………………………………………… 기둥높이÷간격(단부)

예제

다음 도면과 같은 기둥의 주근 및 띠철근의 철근량을 산출하시오. (단, 층고는 3.6m, 주근의 이음길이는 25d로 하고, 철근의 중량은 D22는 3.04kg/m, D19는 2.25kg/m, D10은 0.56kg/m로 한다.) 98① · 99⑤ · 05② · 09③ · 11② · 15① [4점]

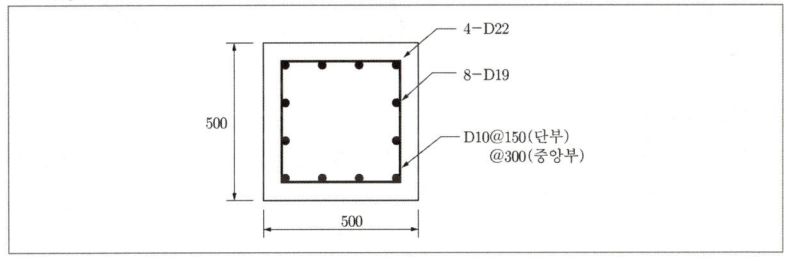

해설 주근 및 띠철근의 철근량 산출
　(1) 주근(D22) : 4개×[3.6+(25×0.022)]×3.04 = 50.464kg
　(2) 주근(D19) : 8개×[3.6+(25×0.019)]×2.25 = 73.35kg
　(3) 띠철근(D10) : $2 \times (0.5+0.5) \times \left[\left(\dfrac{1.8}{0.15}\right)+\left(\dfrac{1.8}{0.3}+1\right)\right] \times 0.56 = 21.28$kg
　∴ 전체 철근량 : 50.464+73.35+21.28 = 145.09kg

CHAPTER 05 철골공사

제1절 | 수량산출

1. 강판 : 면적(m^2) × 단위중량(kg/m^2)
실제 면적에 가장 가까운 사각형, 삼각형, 평행사변형, 사다리꼴로 면적을 계산한다. 📖 03② · 07② · 08② · 12④ · 13②

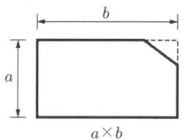
$a \times b$

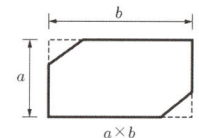
$a \times b$

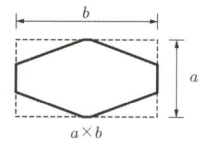
$a \times b$

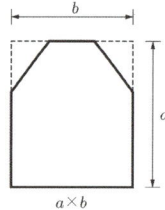
$a \times b$

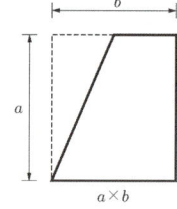
$a \times b$

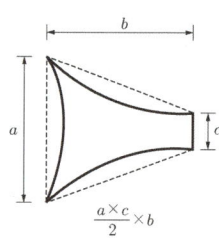
$\dfrac{a \times c}{2} \times b$

2. 형강(앵글)량
종류 및 단면치수별로 구분하여 총 길이(m)를 산출하고, 길이당 단위중량을 곱하여 총중량으로 계산한다.

CHAPTER 06 조적공사

제1절 | 벽돌공사

1. 벽돌량 08②,③ · 09① · 10② · 11④ · 12② · 13①,④ · 15①,② · 18① · 19② · 산21③ · 22① · 산22② · 산23②,③

벽돌량은 유효 벽면적 × 단위수량으로 산정한다.

① 종류별(시멘트 벽돌, 붉은 벽돌, 내화벽돌), 크기별로 나누어 산출한다.
② 벽체의 두께별로 벽면적을 산출하고 여기에 단위면적당($1m^2$) 장수를 곱하여 벽돌의 정미수량을 산출한다.

(1) 단위수량($1m^2$당)

구분	0.5B	1.0B	1.5B	2.0B	→ 벽두께
표준형	75	149	224	298	→ 줄눈 10mm

(2) 단위수량 산출법
① 벽면적 $1m^2$를 벽돌 1장의 면적으로 나누어 산정한다.
② 벽돌 1장의 면적은 가로, 세로 줄눈의 너비를 합한 면적이다.

■ 표준형 벽돌 0.5B 두께 $1m^2$의 수량

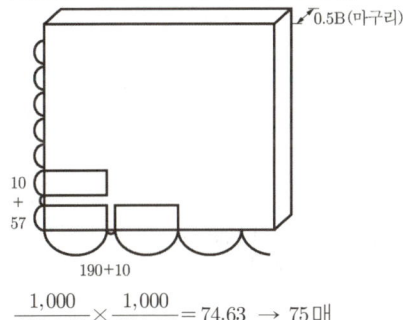

$$\frac{1{,}000}{190+10} \times \frac{1{,}000}{57+10} = 74.63 \;\to\; 75\,매$$

(3) 벽돌량 산정 시 주의사항
① 벽돌의 소요량은 정미량에 시멘트 벽돌 5%, 붉은 벽돌 · 내화벽돌 3%의 할증을 가산하여 구한다.
② 벽돌량의 단위는 매(장)이므로 소숫점 이하를 올림으로 계산한 정수이다.

제 2 절 | 블록공사

1. 블록량

블록량은 유효 벽면적 × 단위수량으로 산정한다.
① 벽면적 산출은 벽돌량 산출방법과 동일하다.
② 단위수량 속에는 블록의 할증 4%가 포함되어 있으므로 소요량 계산 시 별도의 할증을 고려하지 않는다.
③ 단위수량($1m^2$)은 다음과 같다.

($1m^2$당)

구분	치수	블록(장)
기본형	390×190×210	13
	390×190×190	
	390×190×150	
	390×190×100	

■ 할증 4%가 포함된 수량임

[블록의 표시법]
길이, 두께, 높이
길이 × 높이 × 두께

2. 단위수량 산출법 예

(1) 블록 $1m^2$의 수량산출: $\dfrac{1{,}000}{길이 + 줄눈} \times \dfrac{1{,}000}{높이 + 줄눈}$

제 3 절 | 타일공사

1. 타일량 산출법 📖 03③ · 04②

타일량은 시공면적 × 단위수량으로 산정한다.

[타일의 단위수량 산출]
$$\dfrac{1{,}000}{타일\ 한\ 변\ 크기 + 줄눈} \times \dfrac{1{,}000}{타일\ 다른\ 변\ 크기 + 줄눈}$$

CHAPTER 07 목공사

제1절 | 수량산출

1. **목재의 수량산출** 15② · 16②

   목재의 수량산출은 체적(m^3, 才)으로 산출한다.

2. **각 기준단위의 체적**

   ① $1m^3 = 1m \times 1m \times 1m$

   ② $1才 = 1치 \times 1치 \times 12자(30mm \times 30mm \times 3,600mm)$

   ③ 따라서 $1m^3 = 300才$로 환산하여 계산한다.

품질관리

CHAPTER 01 품질관리

제1절 | 시공기술 품질관리

1 총론

1. 관리

(1) 정의

목표를 설정하고 이를 능률적으로 달성하기 위한 모든 조직적인 활동

(2) 품질관리의 4 사이클(Cycle) 98② · 08② · 산21②

계획(Plan) → 실시(Do) → 검토(Check) → 시정(Action)

(3) 목표가 되는 관리와 수단이 되는 관리 03① · 산21③ · 산22①

① 목표가 되는 관리 : 어떤 목표를 향해 관리하는 것 예 원가관리, 품질관리, 공정관리

② 수단이 되는 관리 : 수단으로 작용하는 관리 예 자원관리, 설비관리, 자금관리, 인력관리

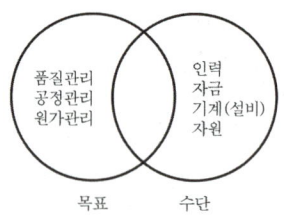

2 품질관리(QC) 수법 98② · 01① · 02② · 06②,③ · 07①,②,③ · 11② · 14① · 15④ · 산22②,③ · 산23② · 23④

도구명	내용
히스토그램	계량치(데이터)의 분포가 어떠한 분포를 하는지 알아보기 위하여 작성하는 것
특성요인도	결과에 원인이 어떻게 관계하고 있는가를 한눈에 알아보기 위하여 작성하는 것(체계적 정리, 원인 발견)
파레토도	불량, 결점, 고장 등의 발생건수를 분류항목별로 나누어 크기 순서대로 나열해 놓은 것(불량항목과 원인의 중요성 발견)
그래프	품질관리에서 얻은 각종 자료의 결과를 알기 쉽게 그림으로 정리한 것
체크시트	계수치의 데이터가 분류항목별로 어디에 집중되어 있는가를 알아보기 쉽게 나타낸 것(불량항목 발생, 상황파악 데이터의 사실 파악)

산점도	서로 대응되는 두 개의 짝으로 된 데이터를 그래프 용지에 점으로 나타내어 두 변수 간의 상관관계를 짐작할 수 있다.
층별	집단을 구성하고 있는 많은 데이터를 어떤 특징에 따라 몇 개의 부분 집단으로 나눈 것

1. **히스토그램(Histogram)** 📖 98⑤ · 00④ · 04③ · 06③ · 09① · 15② · 16② · 산23①
   (1) 정의
   길이, 무게, 시간, 경도 등을 측정하는 계량치 데이터가 어떠한 분포를 하고 있는가를 알아보기 쉽게 나타낸 그림
   (2) 작성순서
   ① 데이터를 수집한다.
   ② 데이터에서 최솟값과 최댓값을 구하여 전 범위를 구한다.
   ③ 구간폭을 정한다(계급의 수와 데이터의 수).
   ④ 도수분포도를 작성한다.
   ⑤ 히스토그램을 작성한다.
   ⑥ 히스토그램과 규격값을 대조하여 안정상태인지 검토한다.

2. **특성요인도** 📖 12② · 17①
   품질특성에 대하여 결과에 원인이 어떻게 관계하고 있는가를 한눈에 알아보기 위하여 작성하는 것

3. **파레토도**
   결함부나 기타 결손항목을 항목별로 구분하여 크기순으로 나열하여 그린 그림

4. **그래프** : 데이터의 결과를 알기 쉽게 표현하여 보는 사람이 빠르게 정보를 얻을 수 있도록 하는 그림

5. **체크시트** : 계수치의 데이터(불량수, 결점수)가 분류항목별의 어디에 집중되어 있는가를 알아보기 쉽게 나타낸 것

6. **산점도** : 서로 대응하는 두 개의 짝으로 된 데이터를 그래프 용지 위에 점으로 나타낸 그림

7. **층별** : 집단을 구성하고 있는 많은 데이터를 어떤 특징에 따라서 몇 개의 부분집 단으로 나누는 것

8. **관리도**
   공정의 상태를 나타내는 그래프로 공정이 안정된 상태인지를 조사하기 위하여 사용한다.

제 2 절 | 통계적 품질관리(SQC ; Statistical Quality Control)

1. 정의
보다 유용하고 시장성 있는 제품을 보다 경제적으로 생산하기 위하여 생산의 모든 단계에 통계적인 수법을 응용한 것이다.

2. 데이터의 특성(정리 방법)
(1) 흩어짐(산포)에 의한 정리   98③ · 99④ · 01③ · 09①

① 범위(R)
1조의 데이터 중 최대치와 최소치의 차
$R = x_{max} - x_{min}$

② 편차제곱합(Sum of square : S)
개개의 측정치의 시료 평균으로부터 편차의 제곱합을 말한다.
n개의 데이터 x_1, x_2, x_3, …, x_n이 있을 때
$S = (x_1 - \overline{x})^2 + (x_2 - \overline{x})^2 + \cdots + (x_n - \overline{x})^2$

③ 표본분산/불편분산(Unbiased Variance : V)   15①
데이터 수가 n개 있을 때 이 데이터의 제곱의 합(S)을 (n-1)로 나눈 것을 말한다.
$V = \dfrac{S}{n-1}$

④ 분산(Variance : σ^2)
데이터의 제곱의 합(S)을 데이터의 수(n)로 나눈 값을 말한다.
$\sigma^2 = \dfrac{S}{n}$

⑤ 표본 표준편차(s)
$s = \sqrt{\dfrac{S}{n-1}}$

⑥ 표준편차(Standard Deviation : σ)
$\sigma = \sqrt{\dfrac{S}{n}}$

⑦ 변동계수(CV)
표준편차를 평균치로 나눈 것으로 보통 백분율로 표시한다.
$CV = \dfrac{\sigma}{\chi} \times 100\%$

제 3 절 | 자재 품질관리

1. 시멘트

(1) 비중 📖 07② · 22④

$$비중 = \frac{W}{V_2 - V_1}$$

여기서, W : 시료 시멘트의 무게(g)
V_1 : 시료를 넣기 전 광유를 넣은 비중병의 눈금(cc)
V_2 : 시료를 넣은 후의 눈금(cc)

(2) 안정성 📖 00⑤ · 21④

$$팽창도(\%) = \frac{l_2 - l_1}{l_1} \times 100$$

여기서, l_1 : 오토클레이브 시험체의 유효 표점거리(mm)
l_2 : 오토클레이브 시험 후 시험체 길이(mm)

2. 골재

(1) 굵은 골재의 비중 및 함수량 📖 98④ · 99④ · 00④ · 11② · 17② · 19② · 21① · 22①

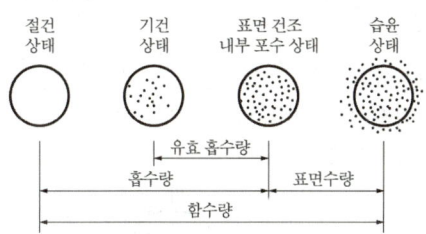

① 함수량 = 습윤중량 - 절건중량

② 함수율 = $\dfrac{습윤중량 - 절건중량}{절건중량} \times 100$

③ 표면수량 = 습윤중량 - 표면건조내부포수중량

④ 표면수율 = $\dfrac{습윤중량 - 표면건조내부포수중량}{표면건조내부포수중량} \times 100$

⑤ 유효흡수량 = 표면건조내부포수중량 - 기건중량

⑥ 유효흡수율 = $\dfrac{표면건조내부포수중량 - 기건중량}{기건중량} \times 100$

⑦ 흡수량 = 표면건조내부포수중량 - 절건중량

⑧ 흡수율 = $\dfrac{표면건조내부포수중량 - 절건중량}{절건중량} \times 100$

⑨ 겉보기 비중 = $\dfrac{A}{B - C}$

⑩ 표면건조 포화상태의 비중(표건비중)= $\dfrac{B}{B-C}$

⑪ 진비중= $\dfrac{A}{A-C}$

여기서, A : 절건중량(g)
  B : 표면건조내부포수중량(g)
  C : 시료의 수중중량(g)

(2) 공극률과 실적률 📖 98③ · 00① · 09③ · 14② · 15④

공극률(%)= $\dfrac{(G \times 0.999) - w}{G \times 0.999} \times 100(\%)$

실적률(%)= $\dfrac{w}{G} \times 100(\%)$

여기서, G : 비중
  w : 단위용적중량(t/m³)
  0.999 : 표준온도 17℃에서의 물 1m³의 중량(0.999t/m³)

3. 콘크리트

(1) 압축강도 시험 📖 00② · 03① · 05③ · 06① · 15②

압축강도(N/mm²)= $\dfrac{P}{A}$

여기서, P : 최대하중(N)
  A : 시험체의 단면적(mm²)
※ 시험체 : 콘크리트 공시체

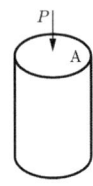

(2) 인장강도   05② · 22①

$$\text{인장강도}(kg/cm^2) = \frac{2P}{\pi l d}$$

여기서, P : 최대하중(kg)
   l : 시험체의 길이(cm)
   d : 시험체의 지름(cm)

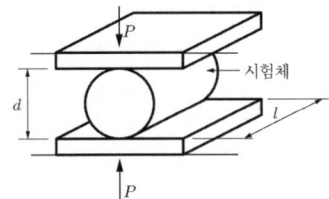

4. 금속재료

(1) 인장강도(MPa) = $\frac{P}{A}$ ≥ 항복강도(MPa) F_y 04② · 18②

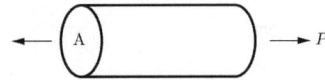

5. 조적재료

(1) 블록 압축강도

 블록 압축강도(MPa) = $\frac{P}{A}$

여기서, A : 전단면적(cm^2)(블록의 속 빈 부분을 무시한 전단면적)
   P : 최대하중(kg)

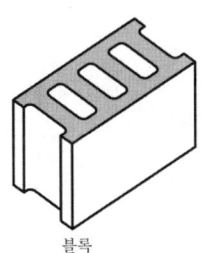

블록

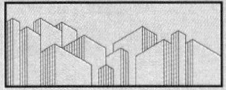

건축구조

CHAPTER 01 구조역학

제1절 | 정정구조물

1. 라미의 정리(일명 sine 법칙) 13④·16②·18①·20③·22②

한 점에 작용하는 3개의 힘이 평형을 이루고 있을 때는 이 3개의 힘은 같은 평면 상에 있으며, 한 점에서 만난다. 이때 각각의 힘은 다른 두 힘 사이각 sine의 값에 정비례한다.

$$[\frac{P_1}{\sin \alpha_1} = \frac{P_2}{\sin \alpha_2} = \frac{P_3}{\sin \alpha_3}]$$

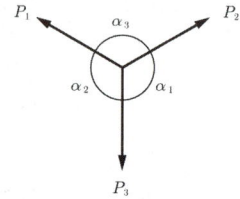

▎라미의 정리 ▎

2. 힘의 정적 평형조건 12④·13①·22④

물체에 여러 힘이 작용하고 있을 때, 물체가 이동 및 회전을 하지 않고 정지하고 있을 경우 힘이 정적으로 평형을 이루고 있다고 말할 수 있다. 따라서 힘이 정적으로 평형을 이루기 위해서는 다음과 같은 3가지 조건이 만족되어야 한다.
① 수평방향으로 작용하는 힘의 합이 0이 되어야 한다(즉, $\Sigma H = 0$).
② 수직방향으로 작용하는 힘의 합이 0이 되어야 한다(즉, $\Sigma V = 0$).
③ 회전하는 힘의 합이 0이 되어야 한다(즉, $\Sigma M = 0$).
　　■ 수평력 : 우측방향 → (+), 좌측방향 ← (−)
　　　수직력 : 상향 ↑(+), 하향 ↓(−)
　　　모멘트 : 시계방향 (+), 반시계반향 (−)

(a) 수직·수평방향 부호　　(b) 모멘트방향 부호

▎힘의 부호규약 ▎

3. 구조물의 분류와 판별

(1) 정정구조물과 부정정구조물
① 정정구조물 : 구조물의 반력 및 부재력을 힘의 평형조건식만으로 구할 수 있는 구조물이다.
② 부정정구조물 : 구조물의 반력 및 부재력을 구하기 위해서는 힘의 평형조건 외에 변형의 일치조건도 필요한 구조물이다.

(2) 구조물의 판별식 📖 13① · 14① · 23①
① 모든 구조물의 전체 부정정차수는 다음과 같다.

$n = (r + m + k) - 2j$
n > 0이면 안정이며 부정정, $n = 0$이면 안정이며 정정, $n < 0$이면 불안정

여기서, n : 부정정차수, r : 반력 수, m : 부재 수
  k : 강절점 수(각 절점에서 부재수 - 1 - 힌지절점 수)
  j : 절점 수(지점과 자유단을 포함한다)

4. 하중, 전단력 및 휨모멘트의 관계

(1) 전단력과 휨모멘트의 특성 📖 11② · 12①,④ · 14① · 15① · 17④ · 18①,④ · 19④ · 20④
① 전단력
  ㉠ 지점의 전단력은 그 지점의 수직반력이다.
  ㉡ 어느 점까지의 전단력도의 면적은 그 지점의 휨모멘트 값이다.
  ㉢ 전단력이 0인 곳에서 휨모멘트는 최대가 된다. 또한, 전단력도의 부호가 바뀌는 점에서 휨모멘트는 극대치가 된다.
  ㉣ 집중하중이 작용하는 점에서는 그 단면 좌우측의 전단력 값이 집중하중의 크기만큼 달라 불연속되어 전단력도는 계단상으로 변화한다.
  ㉤ 등분포하중에 의한 전단력도는 1차식으로 직선변화하고, 등변분포하중에 의한 전단력도는 2차식으로 포물선이다.
  ㉥ 모멘트 하중(우력)의 작용점에서는 모멘트 하중에 의한 전단력의 변화는 없다.
  ㉦ 전단력도의 (+), (-) 면적은 서로 같다.
② 휨모멘트
  ㉠ 휨모멘트가 최대인 곳은 전단력이 0이 되는 곳이거나, 전단력의 부호가 바뀐 곳이다.
  ㉡ 집중하중에 의한 휨모멘트도는 격점과 격점 사이에서 1차식으로 직선변화하고 집중하중이 작용하는 점에서 절곡된다.
  ㉢ 등분포하중에 의한 휨모멘트는 2차식으로 포물선(2차곡선)이고 등변분포하중에 의한 휨모멘트도는 3차식으로 3차곡선이다.

(2) 3힌지 라멘의 반력 📖 11① · 16④ · 19① · 23④

① 수직반력

$\Sigma M = 0$을 이용하여 정정보와 마찬가지로 산정한다.

② 수평반력

정정보와 같이 $\Sigma H = 0$을 이용하여 산정할 수 없고, 힌지 절점의 휨모멘트가 0이 되는 조건을 이용하여 힌지절점 왼쪽(또는 오른쪽)만 생각하여 수평반력을 산정한다.

③ 수평반력의 성질

㉠ 수직하중에 의한 양지점의 수평반력은 방향은 서로 반대이고 크기는 같다.

㉡ 수평하중에 의한 양지점의 수평반력은 방향은 서로 같고 크기는 같거나 다르다.

(3) 모멘트분배법 📖 16①

① 정의 및 모멘트분배법의 용어

휨모멘트를 근사적으로 구하는 방법으로 처짐각법과 같이 연립방정식이 아니라 단순한 반복계산에 의하여 휨모멘트를 구하는 방법

㉠ 유효강비(k_e)

강비는 부재의 양단이 고정일 때를 기준으로 하여 정한 것인데 부재의 타단이 Hinge나 대칭인 경우에는 위의 강비를 수정하여 양단이 고정인 경우와 통일하여 사용하게 되는데 이 수정된 강비를 유효강비라고 한다.

| 유효강비(k_e)와 도달률 |

단부 및 변형조건	휨모멘트 분포	유효강비(k_e)	도달률
B단이 고정인 경우	M A ─── B $\frac{1}{2}M$	k	$\frac{1}{2}$
B단이 핀인 경우	M A ─── B	$\frac{3}{4}k$	0

㉡ 분배율과 분배모멘트

ⓐ 분배율(μ)

여러 부재가 강접합된 한 절점에 모멘트 M이 작용하면 M은 각 부재의 유효강비에 비례하여 각 부재에 분배되며, 이 모멘트 M이 분배되는 비율을 분배율이라 정의한다.

$$\mu = \frac{\text{자신의 유효강비}}{\text{그 절점에 접합된 모든 부재의 유효강비의 합}} = \frac{k_e}{\Sigma k_e}$$

ⓑ 분배모멘트

각 부재의 분배율에 의하여 재단에 분배된 모멘트

$$M' = \mu M = \frac{k}{\sum k_e} M$$

ⓒ 전달률과 전달모멘트

ⓐ 전달률($\frac{1}{2}$)

- 타단이 고정인 부재의 고정단에는 분배모멘트의 1/2이 전달됨
- 타단이 힌지이거나 자유단이면 모멘트는 전혀 전달되지 않음

ⓑ 전달모멘트

$$M'' = \frac{1}{2} M' = \frac{1}{2} \times \frac{k}{\sum k_e} M$$

② 해법 순서

㉠ 강도($K = \frac{I}{l}$), 강비($k = \frac{K}{K_0}$) 계산

㉡ 분배율(DF, μ) : $\mu = \frac{k_e}{\sum k_e}$

㉢ 분배모멘트 계산(M')

$$M' = \mu M$$

㉣ 전달모멘트 계산(M'') 📖 15②

$$M'' = \frac{1}{2} M'$$

제 2 절 | 응력과 변형도

1. 응력과 변형도

(1) 응력의 정의

외력에 의해 부재 내부에 발생되는 면적당 힘의 크기를 응력(Stress)이라 한다.

$\sigma = \dfrac{P}{A}$ (단위 : $N/mm^2 = MPa$)

(2) 변형도

구조물에 외력이 작용하여 그 형상에 변화를 일으킬 때 이를 변형(Deformation)이라 하고, 단위 길이에 대한 변형을 변형도(Strain)라 한다.

변형도=변형률(ε) : $\varepsilon = \dfrac{\triangle l}{l} = \dfrac{\delta}{l}$

포아송비(ν) : $\nu = - \dfrac{\dfrac{\triangle d}{d}}{\dfrac{\triangle l}{l}} = -\dfrac{\triangle d \times l}{\triangle l \times d} = \left|\dfrac{1}{m}\right|$

여기서, m은 포아송수라 하고, 그 역수인 ν는 포아송비이다.

포아송수(m) : $m = \dfrac{1}{\nu}$

2. 후크의 법칙과 강재의 응력 - 변형도 곡선

(1) 후크의 법칙

① 축력을 받는 경우

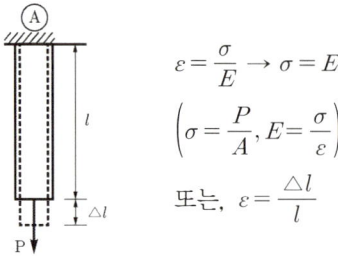

$\varepsilon = \dfrac{\sigma}{E} \rightarrow \sigma = E\varepsilon$

$\left(\sigma = \dfrac{P}{A}, E = \dfrac{\sigma}{\varepsilon}\right)$

또는, $\varepsilon = \dfrac{\triangle l}{l}$

② 전단력을 받는 경우

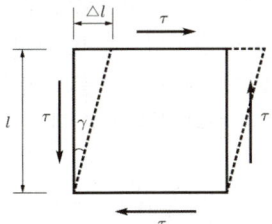

$$\gamma = \frac{\tau}{G} \rightarrow \tau = G\gamma$$

또는 $\tan\gamma = \frac{\triangle l}{l} \rightarrow \gamma = \frac{\triangle l}{l}$

(2) 탄성계수(E)와 전단탄성계수(G)의 관계

$$G = \frac{E}{2(1+\nu)}$$

(3) 축력을 받는 부재의 변형량 📖 12① · 16②

$\sigma = E\varepsilon,\ \varepsilon = \frac{\triangle l}{l},\ \sigma = \frac{P}{A}$

$\frac{P}{A} = E\left(\frac{\triangle l}{l}\right)$ 에서 $\triangle l = \frac{Pl}{EA}$

(4) 온도변화에 따른 길이방향 변형량 📖 95② · 10②

$\triangle l = \alpha \cdot \triangle T \cdot l,\ \varepsilon_t = \alpha \cdot \triangle T,\ \sigma_t = E \cdot \alpha \cdot \triangle T$

여기서, α : 선팽창계수
  $\triangle T$: 온도변화량
  l : 부재의 원래 길이

(5) 강재의 응력-변형도 곡선 📖 11② · 15① · 22①

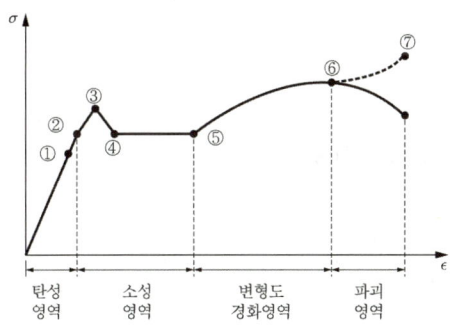

① 비례 한계점 : 응력과 변형도가 선형 비례하는 구간으로 후크의 법칙이 성립된다.
② 탄성 한계점 : 응력을 제거하면 잔류변형이 남지 않고 원래의 길이로 복원되는 한계점으로 ①과 ② 사이에 존재한다.

③ 상항복점 : 실험조건에 따라 여러 가지 값을 나타낸다.
④ 하항복점 : 응력의 증가 없이 변형도만 증가되는 시점으로 강구조 설계 시 기준 값 F_y 산정에 기본이 된다. 즉, 실험조건에 영향을 받지 않는다.
⑤ 변형도 경화 개시점 : 강재의 항복이 끝나고 다시 응력이 증가되는 개시점으로 이와 같은 응력의 증가현상을 변형도 경화현상이라고 한다.
⑥ 인장강도점
⑦ 파괴점

3. 보의 응력

(1) 휨응력과 단면2차모멘트 12②,④ · 14①,④ · 15① · 18② · 19② · 23②,④

$$\sigma = \frac{M}{I}y, \quad \sigma_{\max} = \frac{M}{Z}$$

① 장방형 단면의 도심축에 대한 단면2차모멘트 : $\frac{bh^3}{12}$ 15② · 17②

② 임의 축에 대한 단면2차모멘트 : $I_x = I_X + A \cdot y_o^2$

(2) 전단응력과 단면1차모멘트 : $\frac{VQ}{Ib}$

① 장방형 단면의 최대 전단응력 13② · 16④ · 22④

  ㉠ 평균전단응력 : $\tau_{ave} = \frac{V}{A}$

  ㉡ 최대전단응력 : $\tau_{\max} = \frac{3V}{2A}$

② 원형 단면의 최대 전단응력

  ㉠ 평균전단응력 : $\tau_{ave} = \frac{V}{A}$

  ㉡ 최대전단응력 : $\tau_{\max} = \frac{4V}{3A}$

4. 기둥의 세장비 및 좌굴하중

(1) 기둥 13④

① 중심 압축력을 받는 단주

$$\sigma_c = \frac{P}{A} \leq f_c \qquad \therefore A \geq \frac{P}{f_c}$$

② 편심 압축력을 받는 단주

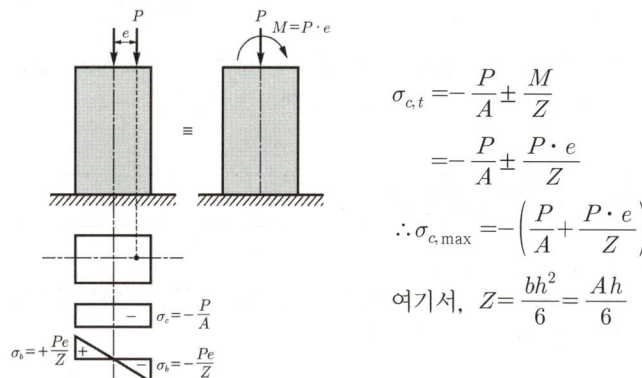

$$\sigma_{c,t} = -\frac{P}{A} \pm \frac{M}{Z}$$

$$= -\frac{P}{A} \pm \frac{P \cdot e}{Z}$$

$$\therefore \sigma_{c,\max} = -\left(\frac{P}{A} + \frac{P \cdot e}{Z}\right)$$

여기서, $Z = \dfrac{bh^2}{6} = \dfrac{Ah}{6}$

③ 장주

㉠ 세장비 📖 13① · 23④

$$세장비 = \frac{기둥의\ 유효길이(좌굴길이)}{최소\ 단면\ 2차\ 반지름(최소회전반경)}$$

㉡ 좌굴하중(일면 탄성좌굴하중), 중심축 하중 📖 12②,④ · 21②

$$P_{cr} = \frac{\pi^2 EI}{(kl)^2} = \frac{\pi^2 EI}{l_k^2}$$

여기서, I : 최소 단면 2차 모멘트

$l_k = kl$: 유효길이, 좌굴길이, 변곡점 간의 길이이며, 양단 힌지 기둥을 1로 했을 때 장주 계산에 필요한 이론상(역학상) 길이

k : 유효길이계수, 좌굴길이계수

㉢ 장주의 종류 📖 12①,④ · 18② · 19② · 22① · 23②

구분	일단고정 타단자유	양단힌지	일단고정 타단힌지	양단고정
양단지지 상태 (● 변곡점)	$2l$	l	$0.7l$	$0.5l$
좌굴길이 계수(k)	2	1	$\dfrac{1}{\sqrt{2}} \fallingdotseq 0.7$	$\dfrac{1}{2} = 0.5$
좌굴하중(P_{cr})	$\dfrac{\pi^2 EI}{4l^2}$	$\dfrac{\pi^2 EI}{l^2}$	$\dfrac{2\pi^2 EI}{l^2}$	$\dfrac{4\pi^2 EI}{l^2}$

5. 전단중심
(1) 정의

전응력의 합력이 통과하는 점을 전단중심 또는 휨중심이라고 하고, 하중이 전단중심(S)에 작용하면 비틀림이 없이 순수 휨만이 발생한다.

제 3 절 | 구조물의 변위

1. 공액보법
① 정의 : 실제 보를 공액보라는 가상의 보로 변화시킨 후 공액보에 탄성하중법의 원리를 적용시키는 방법
② 공액보의 적용
  ㉠ 단부의 조건
    고정단 ⇔ 자유단
    힌지지점 ⇔ 롤러지점
    중간롤러지점 ⇔ 중간힌지절점
  ㉡ 단부조건도

실제보				
공액보				

③ 해석순서
  ㉠ 주어진 하중에 대한 휨모멘트를 계산해 휨모멘트도를 그림
  ㉡ 주어진 보의 공액보에 휨모멘트를 하중으로 재하함
  ㉢ 휨모멘트 하중에 의해 반력, 전단력, 휨모멘트를 계산함
  ㉣ 구해진 전단력은 처짐각이 되고, 휨모멘트는 처짐이 됨
  ㉤ 처짐각 값이 (+)이면 ⌢ 이고, 처짐 값이 (+)이면 하향(↓)을 의미함

2. 처짐 및 처짐각 해석
(1) 단순보
  ① 중앙에 집중하중이 작용하는 경우
    ㉠ $V_A' = \dfrac{Pl}{4EI} \times \dfrac{l}{2} \times \dfrac{1}{2} = \dfrac{Pl^2}{16EI}$ $\theta = \dfrac{Pl^2}{16EI}$
    ㉡ $M_c' = \dfrac{Pl^2}{16EI} \times (\dfrac{l}{2} - \dfrac{l}{6}) = \dfrac{Pl^3}{48EI}$ $\delta_c = \dfrac{Pl^3}{48EI}$

보의 처짐각(θ)과 처짐(δ) 공식 요약

하중상태	처짐각	최대처짐(δ_{max})
캔틸레버 (자유단 집중하중 P, A단 자유, B단 고정)	$\theta_A = -\dfrac{Pl^2}{2EI}$	$\delta_A = \dfrac{Pl^3}{3EI}$
캔틸레버 (등분포하중 w)	$\theta_A = -\dfrac{wl^3}{6EI}$	$\delta_A = \dfrac{wl^4}{8EI}$
캔틸레버 (자유단 모멘트 M)	$\theta_A = -\dfrac{Ml}{EI}$	$\delta_A = \dfrac{Ml^2}{2EI}$
단순보 (중앙 집중하중 P)	$\theta_A = -\theta_B = \dfrac{Pl^2}{16EI}$	$\delta_C = \dfrac{Pl^3}{48EI}$
단순보 (등분포하중 w)	$\theta_A = -\theta_B = \dfrac{wl^3}{24EI}$	$\delta_C = \dfrac{5wl^4}{384EI}$
단순보 (A단 모멘트 M)	$\theta_A = \dfrac{Ml}{3EI}$ $\theta_B = \dfrac{Ml}{6EI}$	$\delta_{max} = 0.064\dfrac{Ml^2}{EI}$
양단고정보 (중앙 집중하중 P)		$\delta_{max} = \dfrac{Pl^3}{192EI}$
양단고정보 (등분포하중 w)		$\delta_{max} = \dfrac{wl^4}{384EI}$

CHAPTER 02 철근콘크리트

제1절 | 용어 정의

1. 용어해설
① 공칭강도(Nominal Strength) : 강도설계법의 규정과 가정에 따라 계산된 부재 또는 단면의 강도를 말하며, 강도감소계수를 적용하기 전의 강도 📖 22①
② 공칭모멘트(Nominal Moment Strength) : 강도설계법의 규정과 가정에 따라 계산된 부재 또는 단면의 모멘트 강도를 말하며, 강도감소계수를 적용하기 전의 모멘트 강도
③ 공칭전단강도(Nominal Shear Strength) : 강도설계법의 규정과 가정에 따라 계산된 부재 또는 단면의 전단강도를 말하며, 강도감소계수를 적용하기 전의 전단강도

제2절 | 재료

1. 콘크리트
(1) 콘크리트 압축강도
  ① 표준공시체($\phi 150 \times 300$mm 원주형 공시체)
  ② $\phi 100 \times 200$mm 공시체 사용 시 → 강도보정계수 0.97 적용

(2) 탄성계수
  콘크리트의 탄성계수(E_c)는 여러 가지 중 할선탄성계수를 사용하며, 콘크리트의 단위질량 $m_c = 2,300 \text{kg/m}^3$인 보통골재를 사용한 콘크리트의 탄성계수는 다음과 같다.
  $E_c = 8,500 \sqrt[3]{f_{cm}} \text{(MPa)}$
  여기서, $f_{cm} = f_{ck} + \triangle f$
  　　　　f_{ck} : 콘크리트의 설계기준 압축강도(MPa)
  　　　　f_{cm} : 재령 28일에서 콘크리트의 평균압축강도(MPa)
- $f_{ck} \leq 40$MPa : $\triangle f = 4$MPa
- $f_{ck} \geq 60$MPa : $\triangle f = 6$MPa
- $40 < f_{ck} < 60$: 직선보간법

(3) 휨 인장강도(f_r) 또는 휨 파괴계수 📖 13④
① 휨인장시험은 보의 인장 측에 균열이 발생하여 파괴될 때까지 횡하중을 가하면서 휨 인장강도(또는 휨 파괴계수)를 측정하는 방법이다.
$$f_r = \frac{M}{Z} = \frac{6M}{bh^2}$$
여기서, M : 최대 모멘트
b : 공시체의 폭
h : 공시체의 높이
② 콘크리트의 휨 인장강도(휨 파괴계수)는 다음과 같이 계산할 수도 있다.
$$f_r = 0.63\lambda\sqrt{f_{ck}}$$
여기서, λ : 경량콘크리트 계수(보통콘크리트 : 1, 전경량 : 0.75, 모래경량 : 0.85)

2. 철근
(1) 철근의 탄성계수
① 항복점 및 항복강도
㉠ 일반적으로 항복점은 하위 항복점을 뜻하며, 기호는 f_y로 표기한다.
㉡ 고강도 철근(즉, PC강재, PC강선)에서는 항복점이 뚜렷하지 않고 인장강도에 이르기까지 완만하게 변하기 때문에 변형률이 0.2%인 점에서 초기 접선에 평행하게 그은 선과 만나는 점의 응력을 항복강도 f_y로 취한다.
② 탄성계수 📖 14② · 15④ · 20⑤
철근의 탄성계수는 항복강도에 관계없이 $E_s = 200,000\text{N/mm}^2$을 사용한다.
③ 탄성계수비(n) 📖 14② · 15④ · 20⑤
철근의 탄성계수(E_s)를 콘크리트의 탄성계수(E_c)로 나눈 값을 탄성계수비라 하고, 기호는 n으로 나타내며 일반적으로 7~13의 값을 갖는다.
$$n = \frac{E_s}{E_c}$$

(2) 철근의 피복
① 피복두께 : 철근에 대한 콘크리트의 피복두께란 철근의 표면과 이것을 감싸는 콘크리트의 표면까지의 최단 거리
② 피복을 하는 이유
㉠ 내구성 및 내화성 확보
㉡ 시공상 콘크리트 치기의 유동성 확보

제 3 절 | 설계하중 및 하중조합

1. 부재별 강도감소계수와 지배단면   11②·12①,②·14④·15①·16④·18④·20③·21④

(1) 강도감소계수(ϕ)
① 인장지배단면 ··· 0.85
② 압축지배단면
  ㉠ 나선철근 규정에 따라 나선철근으로 보강된 철근콘크리트 부재 ···· 0.70
  ㉡ 그 외의 철근콘크리트 부재 ·· 0.65

(2) 인장지배단면과 압축지배단면
① 압축지배단면 : ε_c가 극한변형률에 도달할 때 최외단 인장철근의 순인장변형률 ε_t가 압축지배 변형률 한계 이하인 단면
② 인장지배단면 : ε_c가 극한변형률에 도달할 때 최외단 인장철근의 순인장변형률 ε_t가 인장지배 변형률 한계 이상인 단면
③ 변화구간(전이구간)
  ㉠ ε_t가 압축지배 변형률 한계(0.002)와 인장지배 변형률 한계(0.005) 사이에 있을 때 이 구간을 변화구간(전이구간)이라고 한다.
  ㉡ $0.002 < \varepsilon_t < 0.005$
  ㉢ 철근의 최소허용인장변형률 : $\varepsilon_{t,\min} = 0.004(f_y \leq 400\mathrm{MPa})$
  $$\varepsilon_{t,\min} = 2\epsilon_y(f_y > 400\mathrm{MPa})$$
  ㉣ 변화구간에서의 강도감소계수 ϕ : 직선보간법

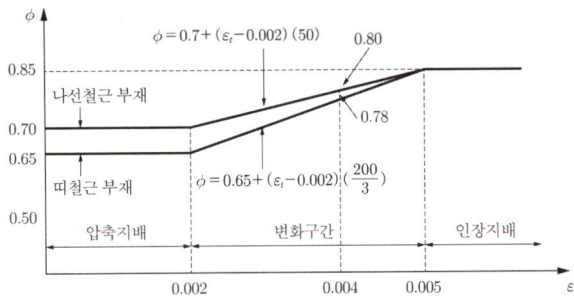

| 철근 등급에 따른 순인장변형률에 대한 ϕ의 변화 |

2. 하중조합(강도설계법과 한계상태설계법에 동일하게 적용)

① $U = 1.4(D+F)$
② $U = 1.2(D+F+T) + 1.6L + 0.5(L_r 또는 S 또는 R)$
③ $U = 1.2D + 1.6(L_r 또는 S 또는 R) + (1.0L 또는 0.5W)$
④ $U = 1.2D + 1.0W + 1.0L + 0.5(L_r 또는 S 또는 R)$
⑤ $U = 0.9D + 1.0W$
⑥ $U = 1.2D + 1.0E + 1.0L + 0.2S$
⑦ $U = 0.9D + 1.0E$

여기서, D : 고정하중
 E : 지진하중 📖 23①
 F : 유체의 중량 및 압력에 의한 하중
 H_h : 수평방향 수압과 토압
 H_v : 수직방향 수압과 토압
 L : 활하중
 L_r : 지붕활하중
 R : 강우하중
 S : 적설하중
 T : 온도, 크리프, 건조수축 및 부등침하의 영향
 W : 풍하중

제4절 | 사용성 및 내구성

1. 균열

(1) 초기균열
　① 건조수축균열
　　㉠ 균열형태에 영향을 미친다.
　　㉡ 제어하기 어려움
　② 초기휨균열
　　㉠ 인장응력이 콘크리트 파괴계수를 초과할 때 생기는 초기균열
　　㉡ 폭 : 0.0256mm, 철근응력 : 40~50MPa
　　㉢ 재료의 특성상 균질이 아니고, 등방성 재료가 아니기 때문에 예측이 어려움
　③ 부식균열

(2) 주요균열(Main Crack)
    원인 : 같은 위치의 철근과 콘크리트의 변형률이 서로 다르기 때문에 발생함

2. 보 및 슬래브의 철근 간격

(1) 휨재(보, 슬래브) 철근간격 적정성 검토
    실제 철근에 발생하는 응력을 사용하는 방법
    ① 균열발생 여부 검토
        ㉠ 보의 최대 모멘트 산정
        $$M_{max} = \frac{\omega l^2}{8} \text{(단순보)}$$
        ㉡ 균열모멘트 산정
            ⓐ 단면계수 : $Z = \frac{bh^2}{6}$ 📖 21④
            ⓑ 파괴계수(휨인장강도) : $f_r = 0.63 \lambda \sqrt{f_{ck}}$ 📖 19②
            ⓒ 균열모멘트 : $M_{cr} = f_r \cdot Z = f_r \left(\frac{bh^2}{6}\right)$ 📖 12④・16②・20①・20⑤

3. 처짐

(1) 단기처짐(탄성처짐)
    ① 등분포하중을 받는 단순받침보 : $\delta = \frac{5\omega l^4}{384EI}$
    ② 등분포하중을 받는 캔틸레버보 : $\delta = \frac{\omega l^4}{8EI}$

(2) 장기처짐
    ① 지속 하중하에서는 크리프와 건조수축의 영향을 받아 장기처짐이 발생
    ② 종합적인 해석에 의하지 않는 한, 일반 또는 경량콘크리트 휨부재의 크리프와 건조수축에 의한 장기처짐은 해당 지속하중에 의해 생긴 순간처짐에 다음 계수를 곱하여 구할 수 있다.
    $$\lambda = \frac{\xi}{1 + 50\rho'}$$
    여기서, 시간경과계수 ξ는 지속하중의 재하기간에 따르는 계수로 재하기간에 따라 다음 표 값을 사용한다.

재령(월)	1	3	6	12	18	24	36	48	60 이상
ξ	0.5	1	1.2	1.4	1.6	1.74	1.8	1.9	2.0

    압축철근비 $\rho' = \frac{A_s'}{bd}$

    장기처짐 = 처짐계수 × 순간처짐
    총처짐량 = 순간처짐 + 장기처짐 📖 13②・15②・16④・18④・21②・21④

제 5 절 | 보의 휨 해석 및 설계

1. 휨 해석의 기본가정
(1) 해석을 위한 가정
　① 변형 전에 부재 축에 수직한 평면은 변형 후에도 부재 축에 수직을 유지한다. 이 가정은 보의 변형률은 중립축으로부터의 거리에 비례함을 의미한다.
(2) 설계를 위한 가정
　① 콘크리트는 인장응력을 지지할 수 없다.
　② 콘크리트는 압축변형률이 극한변형률에 도달했을 때 파괴된다.
　③ 콘크리트의 압축응력도-변형률 관계는 시험결과에 따라 장방형, 사다리꼴 또는 포물선 등으로 가정할 수 있다.

2. 파괴형식
(1) 연성파괴 : 점진적이고 보의 처짐에 의하여 균열의 폭과 깊이가 상당히 커져서 예측할 수 있다.
(2) 취성파괴 : 사전예고 없이 폭발적으로 생긴다.

3. 단근 장방형 보의 해석
(1) 등가응력블록
　① 단면의 가장자리와 최대 압축변형률이 일어나는 연단으로부터 $a = \beta_1 c$ 거리에 있고 중립축과 평행한 직선에 의해 이루어지는 등가압축영역에 $\eta(0.85 f_{ck})$인 콘크리트응력이 등분포하는 것으로 가정한다.
　② 계수
　　η와 β_1은 다음 표의 값을 적용한다.

f_{ck}(MPa)	≤40	50	60	70	80	90
ε_{cu}	0.0033	0.0032	0.0031	0.003	0.0029	0.0028
η	1.00	0.97	0.95	0.91	0.87	0.84
β_1	0.80	0.80	0.76	0.74	0.72	0.70

(2) 최소 및 최대 철근비
　① 철근비와 보의 파괴형태
　　㉠ 균형철근보(동시 파괴)
　　　ⓐ 철근비는 철근 단면적에 대한 콘크리트의 유효단면적의 비
$$\rho = \frac{철근의\ 단면적}{콘크리트의\ 유효단면적} = \frac{A_s}{bd}$$

ⓑ 균형보는 압축 측 콘크리트의 변형률이 극한변형률에 이르는 것과 인장철근의 응력이 항복점에 도달하는 것이 동시에 일어나도록 설계된 보를 말하며 이때의 철근비를 균형철근비라 한다.
ⓒ 균형철근비 📖 12① · 13④

$$\rho_b = \frac{균형철근\ 단면적}{콘크리트의\ 유효단면적} = \frac{A_{sb}}{bd}$$

균형철근비는 보의 최대 인장철근비를 정하는 기본이 된다.
ⓓ 중립축의 위치 📖 11① · 14②

$$c_b = \frac{660}{660 + f_y} d$$

ⓔ 균형철근비 (ρ_b) : $\rho_b = (0.85\beta_1) \frac{f_{ck}}{f_y} \cdot \frac{660}{660 + f_y}$

ⓕ 공칭모멘트 (M_n) 📖 13② · 14② · 23④

$$M_n = 0.85 f_{ck} \cdot a_b \cdot b \left(d - \frac{a_b}{2} \right)$$

② 과대 철근보(콘크리트의 취성파괴) : $\rho > \rho_b$
③ 과소 철근보(철근의 연성파괴) : 가장 바람직하다. $\rho < \rho_b$

4. 단근 직사각형 보의 설계강도
① 콘크리트의 압축응력의 합력(C)과 철근의 인장력(T)

$$C = 0.85 f_{ck} ab, \quad T = A_s f_y$$

② 압축력 C와 인장력 T는 평형을 이루어야 하므로 즉, $\Sigma H = 0$에서 등가응력 블록의 깊이 a는 다음과 같이 산출된다.

$$\Sigma H = 0 \ : \ C = T \ \to \ 0.85 f_{ck} ab = A_s f_y \quad \therefore \ a = \frac{A_s f_y}{0.85 f_{ck} b}$$

③ 철근비가 균형철근비보다 작은 경우 보의 설계강도는 다음과 같다.

$$\phi M_n = \phi A_s f_y (jd) = \phi A_s f_y \left(d - \frac{a}{2} \right)$$

여기서, 강도감소계수 $\phi = 0.85$

5. T형 보의 해석 및 설계
(1) T형 보의 개념

T형보는 보의 전 부분에 다 적용되는 것은 아니고 휨에 의하여 슬래브가 압축 측이 되는 보의 중앙부분에만 적용이 가능하며, 슬래브가 인장 측이 되는 보의 단부에서는 직사각형 보로 설계되어야 한다. 그 이유는 콘크리트는 인장응력을 지지하지 못하기 때문이다.

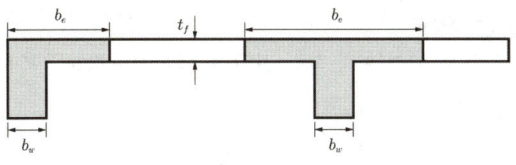

(a) L형 단면(반T형)   (b) T형 단면

(2) T형 보의 유효폭 📖 11④·23①
  ① T형 보의 유효폭(보의 양쪽에 슬래브가 있는 T형 보)
    ㉠ 보폭에 슬래브 두께의 16배를 더한 값 : $b_e = 16t_f + b_w$
    ㉡ 양쪽 슬래브의 중심거리
    ㉢ 보 경간의 1/4 : $b_e = \dfrac{l}{4}$
  ② 반T형 보(보의 한쪽에만 슬래브가 있는 경우)
    ㉠ 한쪽으로 내민 플랜지 두께의 6배+보의 웨브 폭 : $b_e = 6t_f + b_w$
    ㉡ 보의 경간의 1/12+보의 웨브 폭 : $b_e = \dfrac{l}{12} + b_w$
    ㉢ 인접 보와의 내측 거리의 1/2+보의 웨브 폭 :
      (인접 보와의 내측 거리) $\times \dfrac{1}{2} + b_w$

제 6 절 | 보의 전단

1. 전단에 의한 보의 거동
(1) 기본설계 방정식
  ① 전단을 받는 단면의 설계는 다음 식을 기본으로 한다. 📖 11②·22④
    $$V_u \le \phi V_n = \phi(V_c + V_s)$$
    여기서, V_u : 계수하중에 의한 전단력
        V_c : 콘크리트에 의한 전단강도
        V_s : 전단 보강근에 의한 전단강도
        V_n : 부재의 공칭전단강도
  ② 콘크리트의 전단강도
    ㉠ 전단력과 휨모멘트가 작용하는 부재
      $$V_c = \left(\dfrac{1}{6}\lambda\sqrt{f_{ck}}\right)b_w d$$
      여기서, λ : 경량콘크리트 계수

> **참고**
> 여기서 사용되는 $\sqrt{f_{ck}}$ 값은 특별한 경우를 제외하고는 8.4MPa을 초과해서는 안 된다.

2. 전단철근의 전단강도

① 수직 스터럽에 생기는 수직력(전단철근의 전단강도, V_s)

$$V_s = n A_v, \quad V_s = \frac{A_v f_{yt} d}{s}$$

여기서, A_v : 스터럽의 단면적
f_{yt} : 스터럽의 항복응력
s : 스터럽의 간격
p : 균열의 수평투영길이$(p = d)$
n : 균열을 가로지르는 스터럽의 수$\left(n = \dfrac{d}{s}\right)$

② 철근의 전단강도 V_s는 $0.2(1 - f_{ck}/250)f_{ck} b_w d$ 이하로 하여야 한다.

제7절 | 정착 및 이음

1. 철근의 정착

(1) 정착길이(Development Length)

콘크리트에 묻혀 있는 철근이 힘을 받을 때 뽑히거나 미끄러짐 변형이 생기는 일 없이 항복강도에 이르게 하는 최소한의 묻힘길이를 말하며 l_d로 표시한다.

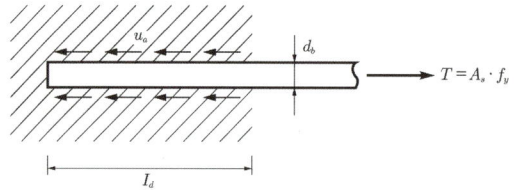

① 설계기준에서는 철근의 정착 및 이음에 사용되는 $\sqrt{f_{ck}}$ 값을 8.4MPa 이하로 하도록 규정하고 있다.
② 철근의 정착길이는 기본 정착길이에 보정계수를 곱한 값으로 산정한다.
l_d = 기본 정착길이(l_{db}) × 보정계수

(2) 인장이형철근 및 이형철선의 정착

① 정착길이(l_d)

인장을 받는 이형철근의 정착길이는 다음 식 (1), (2)로 계산된 값으로 한다.

$l_d = l_{db} \times$ (보정계수) ·················· (1)

$l_d = \dfrac{0.9 d_b f_y}{\sqrt{f_{ck}}} \dfrac{\alpha \beta \gamma \lambda}{\left(\dfrac{c + K_{tr}}{d_b}\right)}$ ·················· (2)

여기서, l_d : 전단철근의 정착길이나 인장철근의 겹친길이를 제외하고 300mm 이상이어야 한다.

② 기본 정착길이(l_{db}) 📖 13②

$$l_{db} = \frac{0.6 d_b f_y}{\lambda \sqrt{f_{ck}}}$$

이 기본 정착길이는 D35 이하의 철근 및 $f_{ck} \leq 70\text{MPa}$ 콘크리트에서만 적용이 가능하다.

(3) 압축이형철근 및 이형철선의 정착

① 정착길이

압축을 받는 이형철근의 정착길이는 다음과 같다.

$l_d = l_{db} \times (보정계수)$

이때, 정착길이 l_d는 200mm 이상이 되어야 한다.

② 기본 정착길이 📖 12② · 20④

$$l_{db} = \frac{0.25 d_b f_y}{\lambda \sqrt{f_{ck}}} \geq 0.043 d_b f_y$$

이 기본 정착길이는 두 식 중 큰 값 이상으로 결정한다.

(4) 표준갈고리 철근의 정착길이

① 정착길이

갈고리 철근의 정착길이는 다음과 같다.

$l_{dh} = l_{hd} \times (보정계수)$

여기서, l_{hd}는 기본 정착길이이며, 갈고리 철근의 정착길이는 위험단면으로부터 갈고리의 외측단까지의 거리이다(단, l_{dh}는 $8d_b$와 150mm 중 큰 값 이상이어야 한다).

② 기본 정착길이

$$l_{hd} = \frac{0.24 \beta d_b f_y}{\lambda \sqrt{f_{ck}}}$$

여기서, β : 철근 도막계수, λ : 경량콘크리트계수

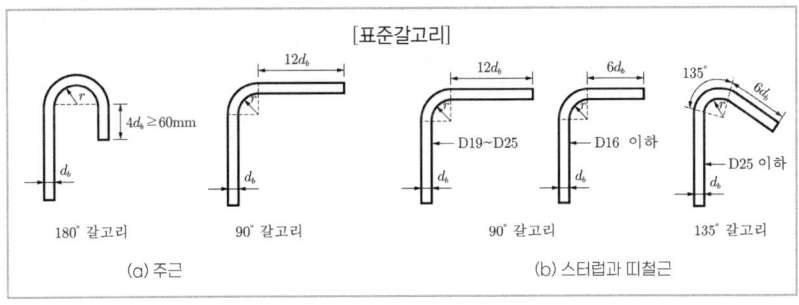

[표준갈고리]

(a) 주근   (b) 스터럽과 띠철근

제 8 절 | 슬래브 설계

1. 슬래브의 종류
(1) 보 슬래브 구조
  ① 개요 📖 11①
   슬래브가 보에 지지되는 구조로서 지지상태 또는 각 변의 길이 비(β)에 따라 1방향 슬래브와 2방향 슬래브로 구분된다.
  ② 1방향 슬래브
   $$\beta = \frac{장변\ 순스팬}{단변\ 순스팬} > 2$$
   ㉠ 슬래브 하중의 90% 이상이 단변방향으로 전달되기 때문에 하중이 단변방향으로만 전달되는 것으로 본다.
   ㉡ 단변방향에 대하여 휨응력에 대한 주근을 배근한다.
  ③ 2방향 슬래브
   $$\beta = \frac{장변\ 순스팬}{단변\ 순스팬} \leq 2$$
   ㉠ 장변방향으로도 단변에 대한 장변의 길이비에 따라 어느 정도의 하중이 전달된다.
   ㉡ 단변 및 장변 각 방향에 대하여 휨응력에 대한 철근 배근을 고려하여야 한다.

2. 특수 슬래브
(1) 플랫 슬래브(무량판 구조)
  ① 정의
   플랫 슬래브는 평 바닥판 구조 또는 무량판 구조라 하며 보 없이(외부보를 제외) 바닥판만으로 구성하고 그 하중은 직접 기둥에 전달하는 구조이다.
  ② 지판을 가진 슬래브의 설계 📖 11④ · 21①
   ㉠ 지판의 최소크기 : 지판은 받침부 중심선에서 각 방향 받침부 중심간 경간의 1/6 이상을 각 방향으로 연장시켜야 한다.
   ㉡ 지판의 두께 : 지판의 슬래브 아래로 돌출한 두께는 돌출부를 제외한 슬래브 두께의 1/4 이상으로 하여야 한다.
   ㉢ 지판 부위의 슬래브 철근량 계산 시 슬래브 아래로 돌출한 지판의 두께는 지판의 외단부에서 기둥이나 기둥 머리면까지 거리의 1/4 이하로 취하여야 한다.

(2) 플랫 플레이트 슬래브(Flat Plate Slab, 평판구조) 📖 14④
   플랫슬래브에서 지판을 제거한 슬래브를 말한다. 2방향 전단보강방법은 아래와 같다.

① 전단 머리(Shear Head)의 보강
② 슬래브 두께의 증가
③ 지판 또는 주두의 사용
④ 기둥의 주철근을 스터럽으로 보강

제 9 절 | 기둥 설계

1. 중심 축하중을 받는 단주의 강도
(1) 최대 설계 축하중 12④ · 13① · 19① · 22①
① 띠기둥
$$\phi P_n = 0.80\phi[0.85f_{ck}(A_g - A_{st}) + f_y A_{st}]$$
여기서, $\phi = 0.65$
A_g = 기둥의 전단면적(mm^2)
A_{st} = 철근의 전단면적(mm^2)
② 나선기둥 또는 합성기둥
$$\phi P_n = 0.85\phi[0.85f_{ck}(A_g - A_{st}) + f_y A_{st}]$$
여기서, $\phi = 0.70$

2. 구조제한 사항
(1) 주근의 구조제한 사항
① 기둥단면
기둥단면의 최소치수는 200mm 이상, 최소단면적은 60,000mm^2 이상으로 규정되어 있다.
② 축방향 철근 22②
㉠ 최소철근비 : $\rho_{min} = 0.01$
㉡ 최대철근비 : $\rho_{max} = 0.08$
㉢ 축방향 철근의 최소 개수는 띠기둥 4개, 나선기둥 6개로 하고 있다.
㉣ 축방향 철근이나 횡방향 보강철근 모두 40mm 이상 피복되어야 한다.
③ 횡방향 보강근
㉠ 띠철근
ⓐ 철근 크기 : 주근의 크기가 D32 이하일 때에는 D10 이상의 띠철근을 사용하며, D35 이상 또는 묶음 철근일 때에는 D13 이상으로 한다.
ⓑ 배근 간격(200mm보다 좁을 필요 없음) 14①
• 주철근 지름의 16배 이하
• 띠철근 지름의 48배 이하
• 기둥 단면의 최소치수의 1/2 이하

ⓒ 나선철근
  ⓐ 철근 크기 : 지름 10mm 이상의 철근을 사용한다.
  ⓑ 정착과 이음 : 나선철근의 정착을 위하여 각 나선철근에서 1.5회전만큼 더 여분의 길이를 가지게 한다. 나선철근의 이음은 철근 지름의 4배 이상 또는 300mm 이상의 겹침이음으로 하거나 용접이음으로 한다.

제10절 | 기초 설계 및 벽체

1. 독립기초의 설계

(1) 기초판 두께 가정

기초판 상단에서 하단 철근까지의 깊이는 흙에 놓이는 기초의 경우 150mm 이상, 말뚝기초의 경우 300mm 이상이어야 한다. 또한, 기초판은 다월(Dowel)의 정착을 위한 최소 깊이를 가져야 한다.

(2) 기초판의 전단

① 1방향 전단
  ㉠ 1방향 전단에 의한 파괴는 보나 1방향 슬래브의 경우와 유사하게 기둥 전면에서 기초판의 유효춤 d만큼 떨어진 위치에서 발생한다. [아래 그림 (a) 참조]
  ㉡ 계수전단력 V_u는 다음 식으로 산정한다.

$$V_u = q_u \left\{ \frac{(l_1 - c_1)}{2} - d \right\} \times l_2$$

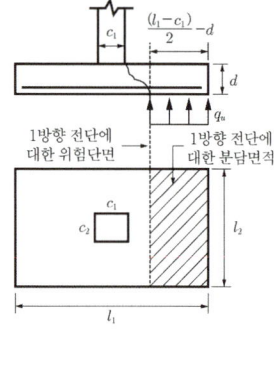
(a) 1방향 전단

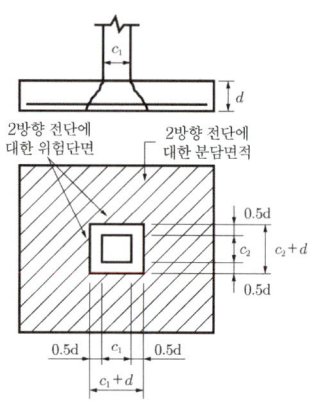
(b) 2방향 전단

| 기초판의 전단에 대한 부담면적과 위험단면 |

② 2방향 전단(뚫림전단) 📖 13① · 17②
  ㉠ 기초판에서도 뚫림전단의 위험단면은 위의 그림 (b)에서와 같이 각 기둥 전면에서 d/2만큼 떨어진 위치에서 발생한다.
  ㉡ 위험단면의 둘레길이 b_o는 다음과 같다.
  $$b_o = 2(c_1 + d) + 2(c_2 + d)$$

CHAPTER 03 철골구조

제1절 | 철골구조의 개요

1. 구조용 강재의 분류 및 특징
(1) 강재의 재질
① SS(Steel for Structure) : 일반구조용 압연강재
② SM(Steel for Marine) : 용접구조용 압연강재
③ SMA(Steel for Marine Atmosphere) : 용접구조용 내후성 압연강재
④ SN(Steel for New Structure) : 건축구조용 압연강재

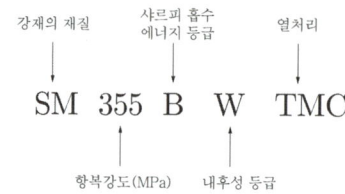

(2) 재료의 성질
① 응력-변형도 곡선

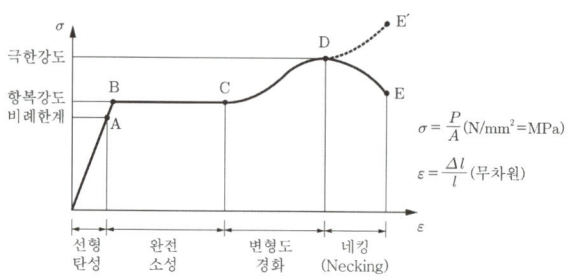

㉠ 비례한도(A점) : 응력과 변형도가 선형 비례하는 구간으로 후크(Hook) 의 법칙이 성립한다.
㉡ 탄성한도 : 응력을 제거하면 잔류변형이 남지 않고 원래의 길이로 복귀 가 되는 한계점으로 A점과 B점 사이에 존재한다.
㉢ 항복점(B점) : 응력의 증가 없이 변형도만 증가되는 시점으로 강구조 설계 시 기준값 F_y 산정에 기준이 된다.
㉣ 변형도 경화 개시점(C점) : 강재의 항복이 끝나고 다시 응력이 증가되는 개시점으로 이와 같은 응력의 증가현상을 변형도 경화현상이라 한다.

ⓤ 인장강도(D점)
ⓥ Necking(D~E구간)
ⓦ 진응력-변형도 곡선(C-E')
② 주요 구조용 강재의 강도

정수	탄성계수(E) (MPa)	전단탄성계수(G) (MPa)	포아송비(ν)	선팽창계수(α) (1/℃)
강재	210,000	81,000	0.3	0.000012

(3) 강재의 종류와 표기법 📖 14①
① 일반형강

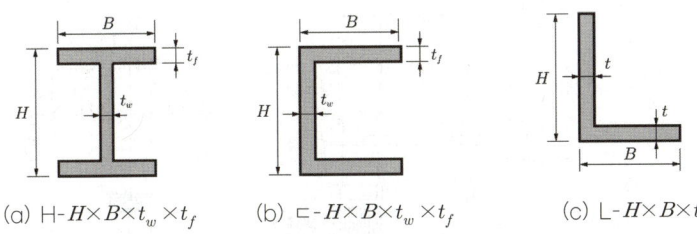

(a) H-$H \times B \times t_w \times t_f$ (b) ㄷ-$H \times B \times t_w \times t_f$ (c) L-$H \times B \times t$

제 2 절 | 접합

1. 볼트 접합

(1) 개요
① 볼트를 조이는 것만으로 접합이 가능하므로 시공이 간단하다.
② 모든 접합부는 존재응력과 상관없이 반드시 45kN 이상 지지하도록 설계한다.

(2) 접합형식과 파괴형식
① 접합형식
㉠ 전단접합 : 볼트의 축단면에 전단력으로 저항하는 접합
㉡ 인장접합 : 볼트가 인장력으로 저항하는 접합
② 파괴형식 📖 14②
㉠ 전단접합 : 볼트의 전단파괴, 판의 지압파괴, 측단부파괴, 연단부파괴

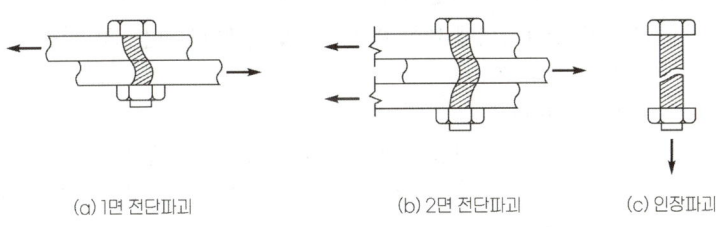

(a) 1면 전단파괴   (b) 2면 전단파괴   (c) 인장파괴
▎볼트 접합의 파괴형태 ▎

㉡ 인장접합 : 볼트의 인장파괴

2. 고력볼트 접합

(1) 구조적 이점
① 강한 조임력으로 너트의 풀림이 생기지 않는다.
② 응력방향이 바뀌더라도 혼란이 일어나지 않는다.
③ 응력집중이 적으므로 반복응력에 대해서 강하며 피로강도가 높다.
④ 유효단면적당 응력이 적게 전달된다.

(2) 고력볼트 접합부 일반사항
① 고력볼트의 부위별 명칭 📖 17②

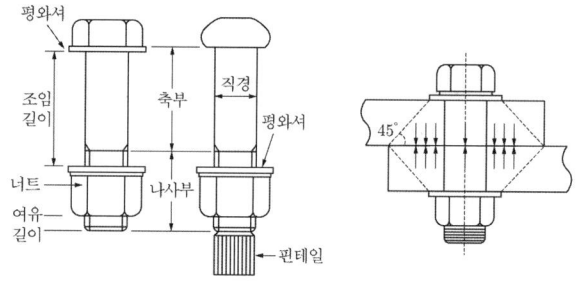

(A) 고력볼트 각부의 명칭   (B) 응력전달기구

② 고력볼트의 구멍중심간의 거리는 공칭직경의 2.5배 이상

3. 한계상태 설계법에 의한 고력볼트의 설계강도

(1) 접합부의 내력산정
① 인장접합(고장력볼트의 설계인장강도 또는 전단강도)

$\phi R_n = \phi F_{nt} A_b$

여기서, $\phi = 0.75$

$F_{nt} = 0.75 F_u$ (F_{nt} : 공칭인장강도)

$A_b = \dfrac{\pi d^2}{4}$ (A_b : 볼트의 공칭단면적)

② 마찰접합
  ㉠ 설계 미끄럼강도 📖 14② · 15④ · 23②
  미끄럼 한계상태에 대한 마찰접합의 설계미끄럼강도는 다음과 같이 산정한다.

  $\phi R_n = \phi \mu h_f T_o N_s$

  여기서, μ : 0.5, 미끄럼계수(페인트칠하지 않은 블라스트 청소된 마찰면)
   h_f : 필러계수, T_o : 설계볼트장력(kN), N_s : 전단면의 수
  저항계수 ϕ는 다음과 같다.
  • 표준구멍 또는 하중방향에 수직인 단슬롯에 대하여 ········ $\phi = 1.0$

- 과대구멍 또는 하중방향에 평행한 단슬롯에 대하여 ········ $\phi = 0.85$
- 장슬롯에 대하여 ·· $\phi = 0.70$

③ 지압접합
  ㉠ 설계전단강도   📖 13① · 17①
     일반 조임된 볼트의 설계전단강도는 다음과 같이 산정한다.
     $\phi R_n = \phi F_{nv} A_b$
     여기서, ϕ : 0.75
     $F_{nv} = 0.5 F_u$ (나사부가 전단면에 포함되지 않을 경우)
     $F_{nv} = 0.4 F_u$ (나사부가 전단면에 포함될 경우)
     $A_b = \dfrac{\pi d^2}{4}$

4. 한계상태 설계법에 의한 용접부의 설계강도

(1) 용접기호   📖 14②

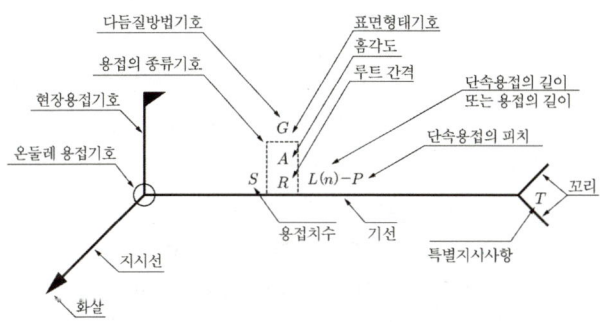

∥ 용접시공 내용의 기재방법 ∥

(2) 그루브용접(Groove Welding, 맞댐용접)
  ① 개요
     ㉠ 접합하는 두 부재를 맞대어 홈(개선, Groove)을 만들고 사이에 용착금속으로 채워 용접하는 방법
     ㉡ 부재의 끝을 절단해낸 것을 홈 또는 개선(Groove)이라 한다.

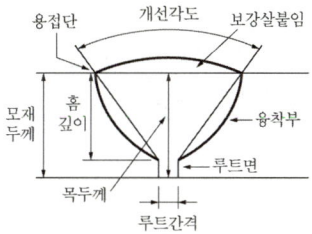

∥ 그루브용접의 상세 ∥

② 유효단면적(A_w)

유효단면적(A_w) = 유효목두께(a) × 유효길이(l_e)

㉠ 유효목두께(a)는 접합판 중 얇은 쪽 판두께로 한다.

㉡ 부분용입용접의 유효두께는 $2\sqrt{t}$(mm) 이상으로 한다. 다만, t는 두꺼운 쪽 판 두께이다.

(3) 필릿용접(Fillet Welding) 📖 17①

① 정의 : 모재에 홈(Groove) 등의 사전가공을 하지 않고 모재의 면과 45° 내외의 각도로 용접하는 방법

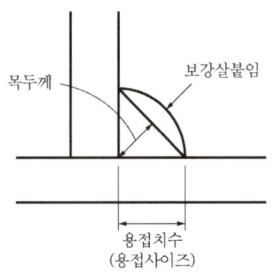

┃필릿용접의 상세┃

② 유효단면적(A_w)

유효단면적(A_w) = 유효목두께(a) × 유효길이(l_e)

㉠ 필릿용접의 유효목두께는 용접루트로부터 용접표면까지의 최단거리로 한다. 단, 이음면이 직각인 경우에는 필릿사이즈의 0.7배로 한다.

㉡ 필릿용접의 유효길이는 필릿용접의 총길이에서 2배 필릿사이즈를 공제한 값으로 하여야 한다.

③ 용접부의 설계강도 📖 11④ · 13④ · 16① · 17②

$\phi P_w = \phi F_w A_w$

여기서, $\phi = 0.75$

$F_w = 0.6 F_u$ (F_u : 인장강도)

A_w : 유효단면적

④ 제한사항

㉠ 필릿용접의 최소사이즈는 아래 표에 따른다.

접합부의 얇은 쪽 소재두께(t)	필릿용접의 최소사이즈
$t < 6$	3
$6 \leq t < 13$	5
$13 \leq t < 20$	6
$20 \leq t$	8

ⓛ 필릿용접의 최대사이즈는 다음과 같다.
  ⓐ $t < 6$mm일 때, $s = t$
  ⓑ $t \geq 6$mm일 때, $s = t - 2$mm

제 3 절 │ 인장재

1. 인장재의 설계

(1) 순단면적 13① · 17④ · 20② · 23①

순단면적은 총단면적에서 볼트접합을 위한 구멍의 면적을 공제한 면적으로 다음과 같이 산정한다.

① 정렬 배치인 경우
$$A_n = A_g - ndt$$
여기서, n : 인장력 방향에 수직한 동일단면상에 있는 구멍의 수
   d : 파스너 구멍의 직경(mm)+여유구멍 순단면적 산정 시 볼트의 직경에서 2mm(또는 3mm)를 추가로 공제해야 한다. 이는 구멍 주변의 노치부를 고려하기 위함이다.
   t : 부재의 두께(mm)

② 엇모배치인 경우 15② · 18②
$$A_n = A_g - ndt + \Sigma \frac{s^2}{4g} t$$
여기서, s : 인접한 2개 구멍의 응력방향 중심간격(mm)
   g : 파스너 게이지선 사이의 응력 수직방향 중심간격(mm)

제 4 절 │ 한계상태설계법에 의한 설계인장강도

1. 기본식

설계인장강도 ≥ 소요인장강도
$\phi P_n \geq P_u$

2. 설계인장강도 $\phi_t P_n$의 산정 11② · 22②

인장재의 설계인장강도 $\phi_t P_n$는 다음과 같은 두 가지 한계상태에 관한 강도값 중 작은 값으로 결정된다.

① 총단면의 항복 한계상태
   $\phi_t P_n = \phi_t F_y A_g (\phi_t = 0.90)$
② 유효 순단면의 파단 한계상태
   $\phi_t P_n = \phi_t F_u A_e \ (\phi_t = 0.75)$

여기서, F_y : 항복강도(N/mm^2), F_u : 인장강도(N/mm^2)
A_g : 부재의 총단면적(mm^2), A_e : 유효 순단면적(mm^2)
P_n : 공칭인장강도(N)

제 5 절 | 압축재

1. 강재단면의 분류
(1) 판요소의 폭두께비
① 비구속 판요소(플랜지)의 판폭두께비
㉠ 압연 및 용접 H형강
$$\lambda = \frac{B/2}{t_f} = \frac{b}{t_f} \quad (B = 2b)$$
여기서, B : 플랜지의 폭(mm)
t_f : 플랜지 두께(mm)
② 구속 판요소(웨브)의 판폭두께비
㉠ 압연 H형강
$$\lambda = \frac{H - 2(t_f + r)}{t_w} = \frac{h}{t_w}$$
㉡ 용접 H형강
$$\lambda = \frac{H - 2t_f}{t_w} = \frac{h}{t_w}$$
여기서, H : 보의 전체 춤(mm)
t_w : 웨브의 두께(mm)
r : 웨브 필릿의 반지름(mm)

제 6 절 | 접합부

1. 보-기둥 접합
(1) 단순접합(전단접합)
① 보의 웨브만을 기둥과 볼트 접합하여 접합부에서 전단력만을 전달할 수 있도록 한 접합형식
② 접합부가 보의 회전에 대한 저항력이 전혀 없고, 기둥에는 전단력만 전달하고 휨모멘트는 전달하지 않는다.
③ 접합이 간단하므로 시공비와 재료비가 절약된다.
④ 수직하중에 의한 보가 부담하는 휨모멘트가 커서 보의 경제성이 줄어든다.

⑤ 수평하중에 의한 휨모멘트를 보가 부담하지 아니하여 골조의 강성을 줄이는 단점이 있다.

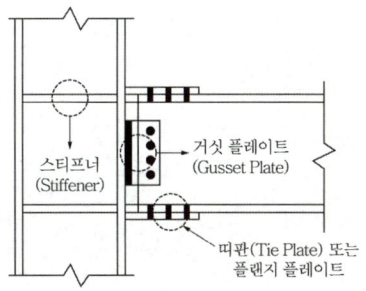

┃ 보-기둥 전단접합 ┃

(2) 강접합(모멘트접합) 📖 15②
① 보의 플랜지와 웨브를 기둥에 일체화되도록 용접하여 접합부에서 전단력과 휨모멘트를 전달할 수 있도록 한 접합형식
② 시공이 복잡하고 재료비용이 많이 든다.
③ 수평하중에 의한 휨모멘트를 보가 같이 부담하므로 고층골조에서 유리하다.
④ 수직하중 작용 시 보의 휨모멘트의 균형을 잡게 하므로 보의 단면을 줄일 수 있는 것이 장점이다.

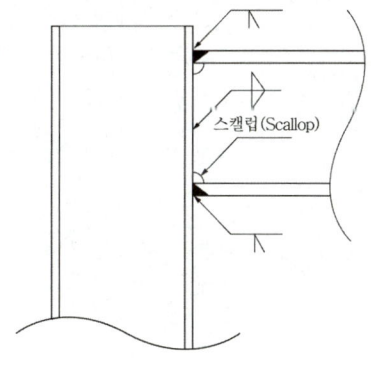

┃ 보-기둥 모멘트접합 ┃

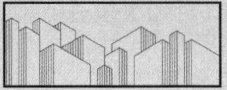

MEMO

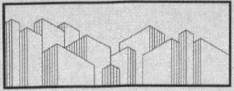